DE EVOLUTIETHEORIE
ONTKRACHT

- EENVOUDIGE EN BEKNOPTE EDITIE -

Michaël Dekee

Eerste uitgave 2020

Uitgeverij JEANNE D'ARC

Brugge, België

Jeannedarcuitgeverij.com

Website:

Evolutietheorie-ontkracht.com

© 2020 JEANNE D'ARC

D/2020/14.603/2

ISBN: 978-0-244-86676-1

Inhoud

Inleiding 1

Evolutie: introductie 2

Het geologisch archief 3

   Problemen bij identificatie van fossielen 5

      Jong versus volwassen _____ 5

      Variatie tussen mannetje en vrouwtje _____ 6

      Variatie binnen de soort _____ 7

   "Levende fossielen": zie jij bewijs voor evolutie? 10

   Geknoei met de "voorouders" van de walvissen 43

   Geknoei met de "voorouders" van de vogels 47

   Geknoei met de "voorouders" van de mens 58

   Geen overgangsvormen gevonden 74

   Fossielen van organismen uit totaal verschillende biotopen naast elkaar 76

   Uitsterving: bewijs voor evolutie? 78

   Zacht weefsel in fossielen van dinosauriërs 80

   Het is toch bewezen dat stenen en fossielen miljoenen jaren oud zijn? 84

DNA veel ingewikkelder dan een computerprogramma 92

Maar als evolutie niet waar is… 99

   Schepping 104

   Een wereldwijde catastrofe 106

   Micro-evolutie en de Bijbelse 'soort' 109

   Verdere beschouwingen over de zondvloed 115

   Zonde en verlossing 117

Besluit 118

Appendix I: De vondst van de ark van Noach door Ron Wyatt .. 120

Bronvermelding 126

Dank 128

Inleiding

Heden zijn er weinig mensen die de evolutietheorie niet aannemen. Op de school komen de kinderen er reeds vanaf het lager onderwijs mee in aanraking, maar nog meer vanaf het middelbaar onderwijs waar vakken zoals geschiedenis en aardrijkskunde dieper ingaan op de geologische lagen en de prehistorische geschiedenis van de mensheid. Niemand stelt zich vragen en alles wordt als een zoet broodje geslikt. Men toont allerhande tekeningen en schema's, maar de werkelijke fossielen worden nooit getoond. De evolutietheorie zoals die origineel door Darwin werd geformuleerd, had het ook niet over het ontstaan van het leven. De neo-darwinistische evolutietheorie echter, die doorheen de tijd aangevuld werd met 'nieuwe kennis' en die heden overal gepropageerd wordt, wel. "God bestaat niet en alles gebeurde door toeval" is het veelgehoorde mantra. De evolutietheorie is mede de oorzaak van het wijdverbreide atheïsme. Vandaag denken de meesten: "Zij zullen het wel weten, want zij zijn toch geleerde wetenschappers?" Maar wie durft er in deze tijd zich nog vragen stellen? Waar is het kritisch denken gebleven?

Omdat mijn eerste boek 'De evolutietheorie ontkracht' voor sommige mensen wat aan de moeilijke kant bleek, besloot ik een eenvoudige en beknopte versie uit te brengen van mijn boek. Eerst vertel ik over de talrijke problemen voor de theorie. Tot slot geef ik een eigen getuigenis en vertel ik over waarom wij hier zijn.

Veel lees- en ontdekkingsplezier!

De auteur

Evolutie: introductie

Wat is nu evolutie? De "evolutie", het aanpassingsvermogen of mogelijkheid tot variatie binnen een soort wordt ook wel 'micro-evolutie' genoemd. Dit is waargenomen en bewezen. Voorbeeld hiervan is de berkenspanner, die in vervuilde gebieden meer in de zwarte vorm voorkomt (omdat de witte sneller wordt gevonden door roofdieren), en in schone gebieden meer de witte vorm. Ander voorbeeld: bepaalde naaldboomsoorten die in de toendragebieden zeer klein blijven, maar zuidelijker zeer groot worden. Dit zijn allemaal voorbeelden van micro-evolutie. Dit kan in de natuur, of door de mens bewerkt worden. Denk maar aan alle hondenrassen die er bestaan. Macro-evolutie dan, duidt op het ontstaan van een nieuwe soort uit een reeds bestaande soort, met grote morfologische veranderingen over een bepaalde tijdspanne, puur door "natuurlijke selectie". De evolutietheorie steunt dan ook op de veronderstelling dat de mechanismen die gelden voor micro-evolutie ook gelden voor macro-evolutie, en dus aanleiding geven tot het ontstaan van totaal nieuwe soorten. We zullen in de komende hoofdstukken de bewijzen voor de evolutietheorie eens onder de loep nemen.

Het geologisch archief

Een fossiel is een overblijfsel of een spoor van een organisme dat in versteende vorm bewaard is gebleven. Fossielen ontstaan niet zo gemakkelijk. De overblijfselen van het dode organisme of het spoor (bijvoorbeeld een voetspoor van een dinosaurus) moet vrij snel begraven worden door een laag sediment. Ook zuurstofarme milieus kunnen fossilisatie in de hand werken. Door opeenstapelende sedimenten kunnen de overblijfselen samen met het sediment verstenen doordat mineralen het origineel materiaal geleidelijk aan vervangen.

De evolutietheorie van Darwin steunt voornamelijk op de huidig bekende geologische tijdschaal van 4,6 miljard jaar, en de fossielen die in de overeenkomende lagen worden gevonden (de geologische kolom). Op deze schaal wordt het vroegste leven gevonden in het Precambrium, meer dan 600 miljoen jaar geleden en evolueerde dit gestaag naar alle levensvormen. Dit is één van de grondslagen van de evolutietheorie, zoals Darwin ook schreef in zijn *'On the Origin of Species.'*

De geologische tijdschaal

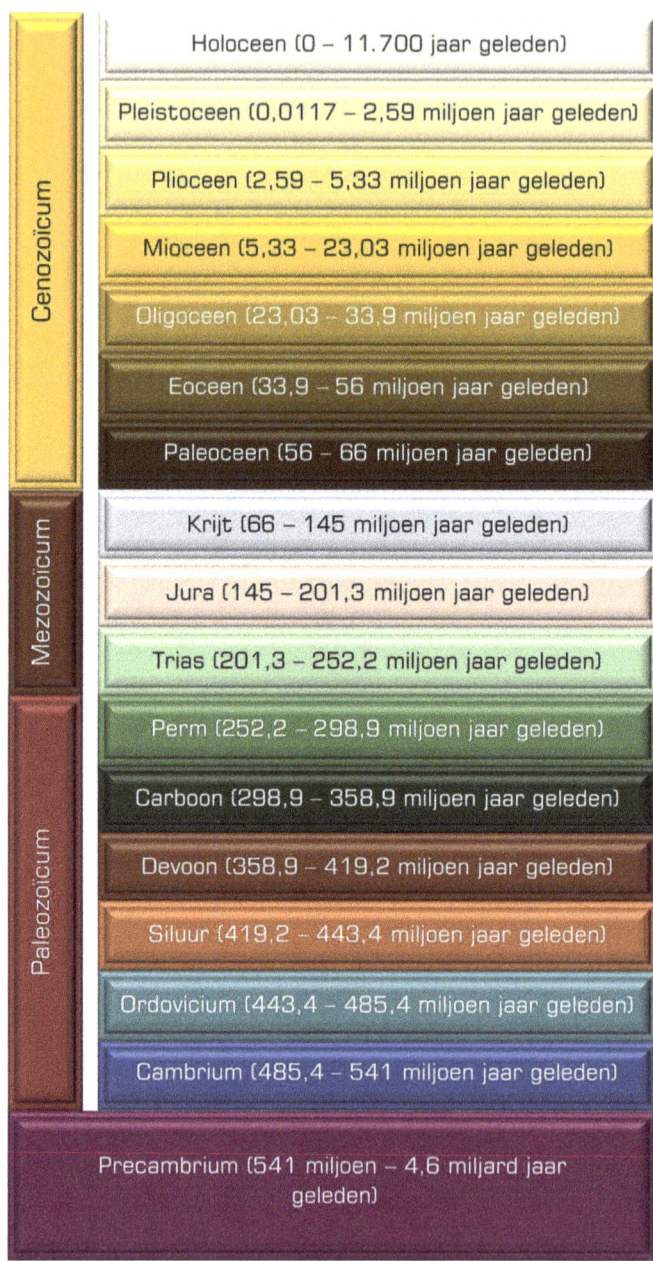

Problemen bij identificatie van fossielen

Er zijn heel wat mogelijke problemen die opduiken als het komt op het identificeren van een fossiel. Bij het geven van een naam aan een fossiel gebeurt vooral veel giswerk, of noem het: nattevingerwerk. De wetenschapper moet vaak gokken.

Jong versus volwassen

Juvenielen van een soort kunnen als fossiel niet steeds als dusdanig worden onderscheiden en worden bijgevolg vaak foutief als een 'andere soort' beschouwd. Dit kan bijvoorbeeld het geval zijn bij vissen. Larvale stadia zien er gans anders uit dan volwassen stadia en komen bij een heel aantal soorten (zalmen, rivierharingachtigen, palingen, etc.) in zoetwater voor, terwijl de volwassen stadia in de zee worden gevonden, tenzij om te paren.

Boven een juveniel exemplaar van slechts enkele centimeters; midden: een al wat ouder exemplaar van misschien 14 centimeter; onder: een volwassen exemplaar van ca 40 cm.

Bij heel wat diergroepen zijn er juveniele stadia die fossiel als een andere soort zouden kunnen bestempeld worden, zoals kreeftachtigen, stekelhuidigen, vissen, reptielen,...

Variatie tussen mannetje en vrouwtje

Verschillende soorten gewervelden vertonen geslachtsdimorfisme (een vorm van polymorfisme): het mannetje en het wijfje verschillen uiterlijk van elkaar.

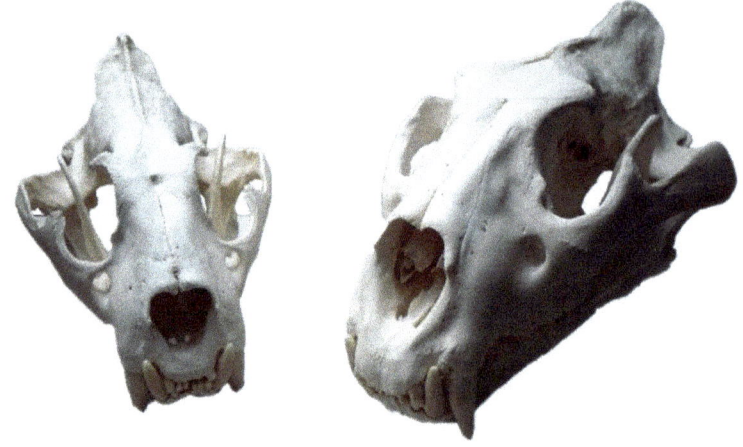

Schedels van een vrouwelijke en een mannelijke leeuw (Panthera leo).

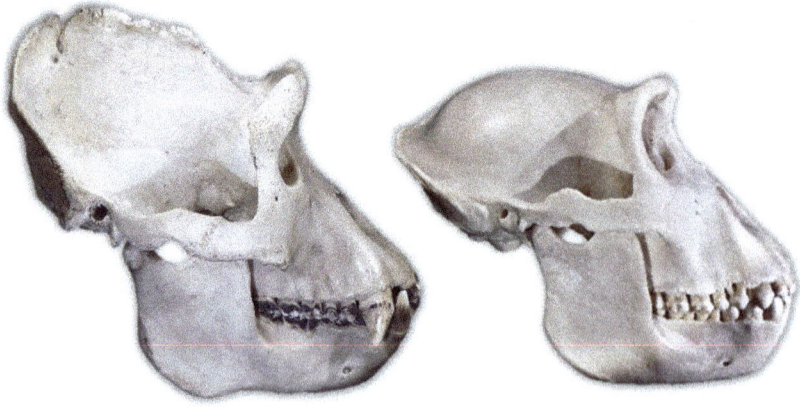

Een schedel van een mannelijke en een vrouwelijke gorilla (Gorilla gorilla).

Variatie binnen de soort

Polymorfisme, of morfologische variatie binnen een soort, kan eveneens niet worden herkend bij fossielen, bijgevolg bestaat de kans dat verschillende uiterlijke vormen van één soort foutief als verschillende soorten worden beschouwd. Een voorbeeld bij planten is hulst en klimop, waarbij aan één struik soms verschillende soorten bladeren kunnen worden gevonden. In de fossiele afzettingen zou men spreken van verschillende plantensoorten.

Beide bladeren zijn afkomstig van de hulst (Ilex aquifolium).

Dit zijn allemaal bladeren afkomstig van klimop (Hedera helix).

Een ander voorbeeld is de variatie in vorm en kleur bij schelpen. U ziet hier de vorm- en kleurvariatie bij het nonnetje en de vormvariatie bij de mossel en de Japanse oester. Stel dat men de linkse mossel in een andere geologische "laag" vindt dan de rechtse mossel, dan zou men wellicht beweren dat er evolutie geweest is, want de twee schelpen verschillen. Maar het gaat gewoon om één en dezelfde soort. Ikzelf heb dit nog meegemaakt aan de universiteit: een fossiele schelp die ietsje anders was dan een fossiele schelp uit een diepere laag werd als bewijs aangehaald voor evolutie. De minste verandering was reden om te zeggen: "Het is geëvolueerd! Bewijs voor evolutie!" Het is ook zo dat er geen wetenschappelijk comité bestaat dat alle soortbenamingen van fossielen overziet. Vaak is het de paleontoloog die het fossiel vond, die de soort classificeert en er een genus- en soortnaam aan toekent.

Vormvariatie bij schelpen: linksboven: gewone mossel (Mytilus edulis); rechtsboven: nonnetje (Macoma balthica); onder: Japanse oester (Crassostrea gigas)

Nog een ander voorbeeld is de mogelijkheid tot variatie bij gewervelden. Neem nu de hond. Als we naar de schedelvorm kijken, zien we een hele waaier aan vormen en formaten, maar ze zijn allemaal afkomstig van één en dezelfde diersoort: de hond.

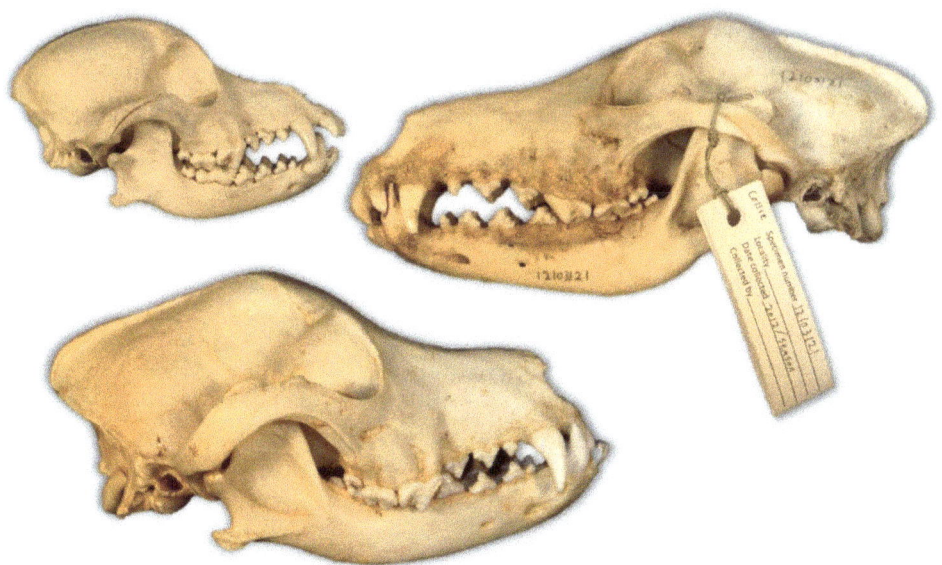

Indien men bovenstaande schedels zou terugvinden als fossiel, dan zou men aan iedere schedel wellicht een andere soortnaam toekennen, bij sommige zelfs een ander geslacht – terwijl het om één en dezelfde soort gaat: de hond. Variatie in grootte en vorm treedt op bij tamme diersoorten (koeien, kippen, honden), maar als dat bij tamme diersoorten kan, dan kan dat ook bij wilde diersoorten.

"Levende fossielen": zie jij bewijs voor evolutie?

Zoals we reeds aanhaalden, is er het probleem van de naamgeving. De wetenschaper vindt iets, en hij zal het sowieso een andere naam geven, omdat het volgens hem toch op één of andere manier moet zijn geëvolueerd. Maar ik stel je de vraag: zijn de volgende organismen veranderd en uitgestorven, of zijn ze gewoon hetzelfde gebleven? Was er evolutie – het ontstaan van een nieuwe soort - of niet? En zo neen, willen de wetenschappers ons misschien iets wijsmaken? Het kruisje vóór de naam wil zeggen dat het dier zogezegd is uitgestorven, en de kleuren tonen wat ze veranderd hebben aan de naam.

Weekdieren: Tweekleppigen:

†*Fasciculiconcha knightii*   Kammossel *Chlamys islandica*
(VS, Carboon: 300 milj.j.g.):   (Atlantische oceaan):

Weekdieren: Tweekleppigen:

Zwinkokkel †*Venericor planicosta* (Noordzee, Eoceen: 41 milj.j.g.):

Cardiocardita **tankervillei**
(Atlantische Oceaan – kust West-Afrika):

Weekdieren: Inktvissen: †*Cymatoceras patens* (Krijt: 100 milj.j.g.):

Nautilus macromphalus:

Brachiopoden: †*Lingula beani* (Jura: 180 milj.j.g.):

Lingula anatina:

Brachiopoden: †*Cranaena sp.* (Devoon: 376 milj.j.g.):

Terebratalia coreanica:

Stekelhuidigen: Zeelelies:

†*Abrotocrinus sp.*
(N-Amerika, Carboon: 345 milj.j.g.):

Metacrinus rotondus
(Japanse kust):

Stekelhuidigen: Zeesterren: †*Astropecten lorioli* (Boulogne, Frankrijk, Jura: 140 milj. j.g.):

Astropecten **articularis** (oostkust VS):

Stekelhuidigen: Zee-egels: †*Aulacocidaris michaleti* (Zwitserland, Krijt: 120 milj.j.g.):

Phyllacanthus imperialis (Indische oceaan):

Neteldieren: Koralen: †*Zaphrentis phrygia* ("primitief solitair koraal", Indiana, VS, Devoon: 380 milj.j.g.,):

Caryophyllia unicristata (Indische oceaan; geslacht heeft ook soorten in de Atlantische Oceaan en Middellandse zee, waaronder *Caryophyllia smithii*):

Neteldieren: Koralen: †*Hexagonaria percarinata* ("primitief koraal", Europa en VS, Devoon: 380 milj.j.g.,):

Pseudosiderastrea tayami (Stille Oceaan):

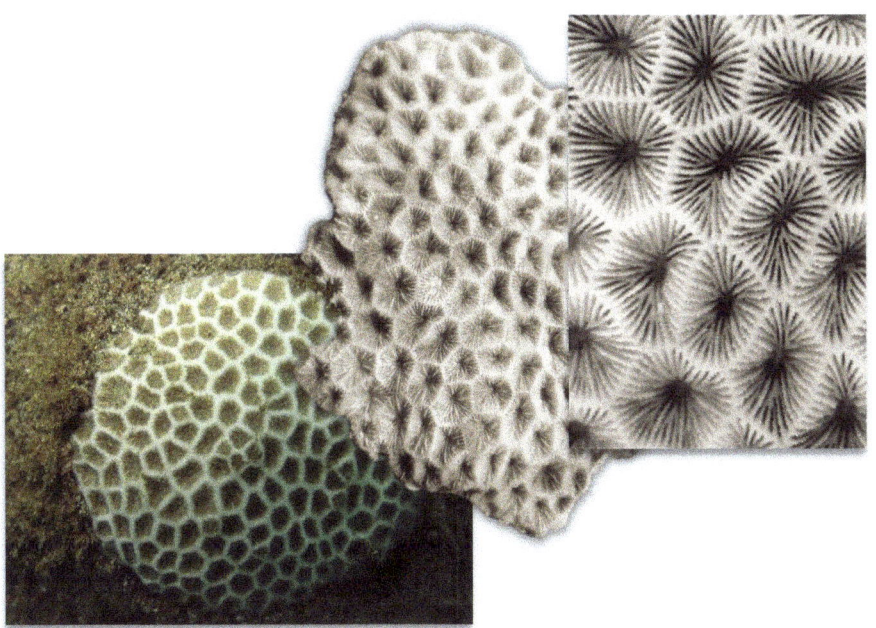

Neteldieren: Koralen: †*Cyclolites ellipticus* (Europa, Krijt, 90 milj.j.g.):

Fungia fungites (Indische en Stille Oceaan):

Mosdiertjes: †*Fenestella bouchardi* (Spanje, Devoon, 390 milj.j.g.):

Zeekantwerk *Conopeum reticulum* (Atlantische oceaan):

Geleedpotigen: Degenkrabben: †*Mesolimulus sp.* (Duitsland, Jura: 160 milj.j.g.):

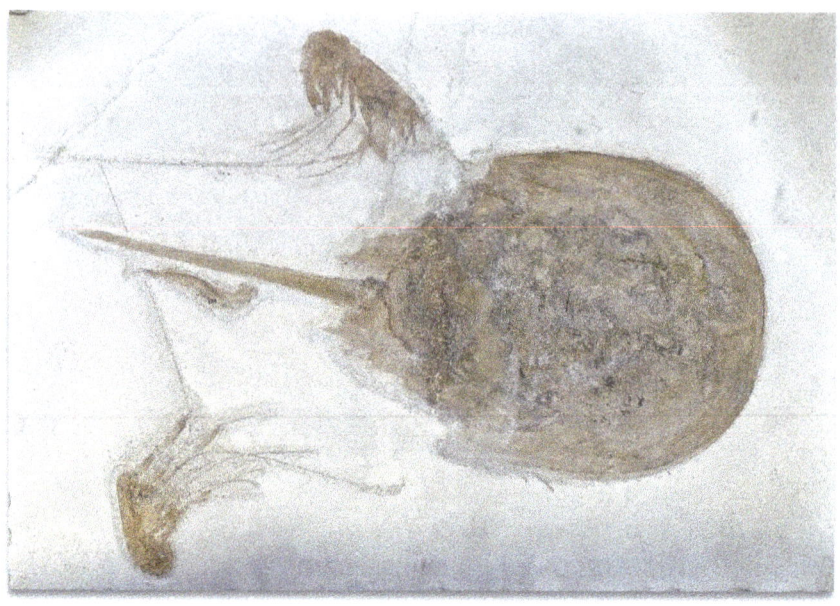

Limulus polyphemus:

Geleedpotigen: Kreeftachtigen: †*Lobocarcinus sismondai*

(Italië, Oligoceen: 30 milj. j.g.):

Cancer belliaminus (Atlantische Oceaan en Middellandse Zee):

Geleedpotigen: Insecten: †*Mesurupetala sp.* (Solnhofen, Duitsland, Jura: 180 milj.j.g.):

Keizerlibel *Anax imperator* (wijfje - Europa):

Geleedpotigen: Insecten: †*Palaeovespa florissantia* (N-Amerika, Eoceen: 40 milj.j.g.):

Honingbij *Apis mellifera* (Gehele wereld):

Gewervelden: Kraakbeenvissen:

†*Belemnobatis sismondae* (Solnhofen, Duitsland, Jura: 180 milj.j.g.):

Zapteryx brevirostris (zuidwesten van Atlantische Oceaan):

Gewervelden: Vissen: †*Holophagus sp.* (Solnhofen, Duitsland, Jura: 180 milj.j.g.):

Gewone coelacant *Latimeria chalumnae* (westelijke Indische oceaan):

Wist je dat…

… de coelacant pas in 1938 werd ontdekt? Tot dan dacht men dat de coelacant een lang uitgestorven diersoort was, en was deze vis enkel bekend van fossielen. De wetenschappers bestempelden het als een overgangsvorm tussen vissen en amfibieën, vanwege de vreemd uitziende vinnen; een zogenaamd bewijs voor evolutie. Men stelde dat het wellicht in ondiep water moet hebben geleefd. Toen men in 1938 in Zuid-Afrika een levend exemplaar ving, bleek dat deze vis helemaal geen overgangssoort was die op de grond kruipt, maar gewoon een bijzonder uitziende vis die leeft aan de rand van het continentaal plat, op diepten van 150 tot 700 meter. Het zogenaamde "bewijs voor evolutie" stortte in.

Gewervelden: Vissen: †*Kgnightia eocena* (kleine scholenvormende riverharing tot 10 cm, Wyoming, VS, Eoceen: 45 milj.j.g.):

Amerikaanse elft *Alosa sapidissima* (Amerikaanse haringachtige waarvan de juvenielen in zoet- en brakwater leven en de volwassen exemplaren in zout water. Typerend is dat juvenielen onder de 10 cm vaak in scholen worden waargenomen in rivieren):

Gewervelden: Amfibieën: †*Rana pueyoi* (Spanje, Oligoceen: 25 miljoen j.g.):

Groene kikker *Rana esculenta:*

Gewervelden: Amfibieën: †*Andrias scheuchzeri* (Duitsland, Oligoceen: 35 milj.j.g.); en **Chinese reuzensalamander** *Andrias davidianus*:

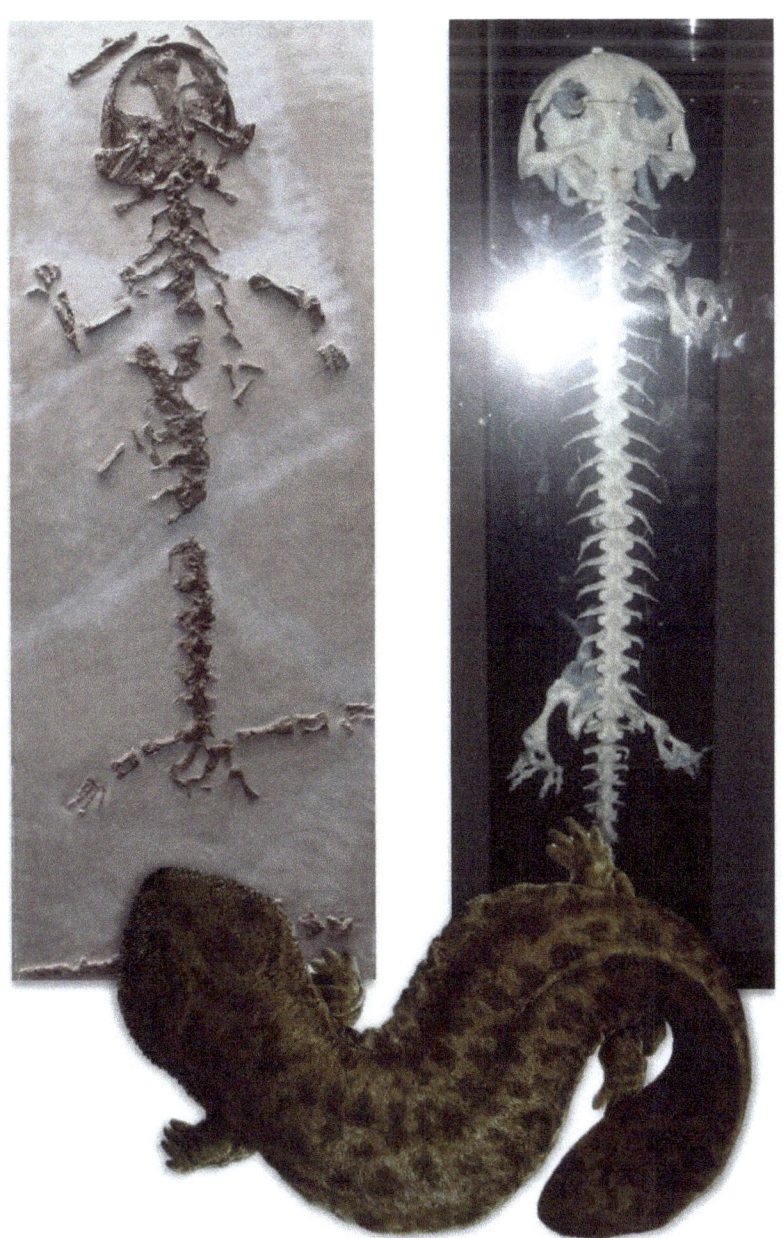

Gewervelden: Reptielen: †*Argillochelys subcristata* (Engeland, Eoceen: 40 milj.j.g.)

Onechte karetschildpad *Caretta caretta* (Atlantische en Stille Oceaan):

Gewervelden: Reptielen: †*Borealosuchus wilsoni* (Wyoming, VS, Eoceen: 55 milj. j.g.):

Amerikaanse krokodil *Crocodylus acutus:*

Gewervelden: Vogels: †*Scaniacypselus sp.* (Een "primitieve gierzwaluw", Frankrijk, Paleoceen: 60 milj. j.g.):

Gewone gierzwaluw *Apus apus* (kadaver en levend):

Gewervelden: Zoogdieren: †*Lusorex taishanensis* (China, Mioceen: 18 milj.j.g.):

Euraziatische waterspitsmuis *Neomys fodiens* (onderkaak van het fossiel (met de rood gekleurde snijtanden) komt overeen met dat van een recente waterspitsmuis):

Gewervelden: Zoogdieren: †*Palaeolagus haydeni* (Konijnachtige die slechts ca. 25 cm groot was; heeft alle kenmerken van moderne konijnachtigen, maar was zogezegd "primitief" want had korte achterpoten; VS, Oligoceen, 33 milj. j. g.):

Dwergkonijn *Brachylagus idahoensis* (Wordt tussen 23 en 29 cm lang en heeft korte achterpoten; de kleinste konijnachtige van Amerika – Westen van de VS):

Landplanten: Varens: †*Pecopteris sp.* (Carboon: 310 milj.j.g.):

Tasmaanse boomvaren *Dicksonia antarctica*:

Landplanten: Ginkgo's: †*Ginkgo digitata* (Jura: 150 milj.j.g.):

Japanse notenboom *Ginkgo biloba:*

Landplanten: Cypressen: †*Metasequoia sp.* (Italië, Eoceen: 40 miljn.j.g.):

Watercypres *Metasequoia glyptostroboides* (China):

Landplanten: Palmen: †*Sabalites powelli* (Wyoming, VS, Eoceen: 50 milj.j.g.):

Acoelorrhaphe wrightii (Florida, VS):

Landplanten: Populieren: †*Populus germanica* (Duitsland, Eoceen: 45 milj. j.g.):

Ratelpopulier *Populus tremula:*

Landplanten: Populieren: †*Betula leopoldae* (Washington, VS, Eoceen: 49 milj. j.g.):

*Betula **alleghaniensis**:*
(Noordoost Amerika)

We hebben nu gezien hoe wetenschappers knoeien met de namen van fossielen, om aan te tonen dat er zogezegd evolutie is. Het is duidelijk dat heel wat fossiele dier- en plantensoorten vandaag onveranderd voortbestaan. De naam zou dus hetzelfde moeten zijn. Nu zullen we kijken hoe wetenschappers niet enkel met de namen, maar ook met de fossielen zelf knoeien, om evolutie "aan te tonen".

Geknoei met de "voorouders" van de walvissen

Bij walvissen scheppen de wetenschappers erover op dat ze hét bewijs voor evolutie, de zogenaamde voorouders en tussenvormen, hebben gevonden. Op de universiteit wordt walvisevolutie dan ook als één van de voorbeelden bij uitstek aangehaald. In een les aan de universiteit toonde de professor echter niet de fossielen, maar een getekend evolutieschema, met tekeningen van de zogenaamde 'tussenvormen.' Als men wat dieper graaft blijkt dat het 'bewijsmateriaal' zeer gebrekkig en zeer schaars is. Bovendien werd er mee geknoeid. In musea toont men modellen en skeletmodellen, maar niet wat ze werkelijk hebben gevonden.

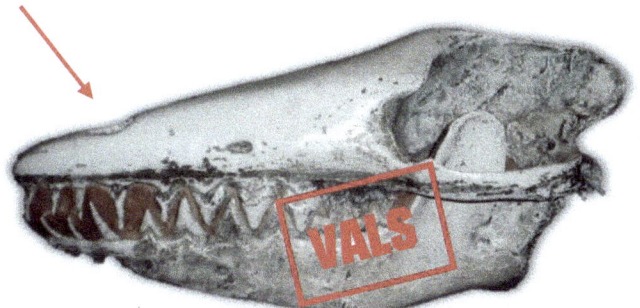

De evolutie van de walvissen zou beginnen bij *Pakicetus*, een soort landzoogdier dat de beginnende kenmerken zou hebben vertoond van evolutie richting een walvis. Professor Gingerich, die het fossiel had gevonden, maakte een model van de schedel en stuurde dit naar alle musea over heel de wereld. Opvallend was het naar achter "geëvolueerde" neusgat, of een reeds ontwikkeld "spuitgat". De schedel bleek echter vervalst te zijn, want latere vondsten bevestigden dat het neusgat gewoon vooraan lag, zoals bij alle normale landzoogdieren, en dat het dier geen zwemvliezen had, maar hoeven (zoals een varken). Vervalsing nummer één.

Een tweede soort in de rij van evolutie was *Ambulocetus*, een dier met kortere poten, zwemvliezen (zogezegd beginnende flippers) en een geëvolueerd neusgat. De fossiele overblijfselen van dit dier werden gevonden door wetenschapper Dr. Hans Thewissen. Hij maakte hiervan skelet-modellen en stuurde dit naar alle musea van de wereld. Ook bij ons, bijvoorbeeld in het Natuurmuseum in Brussel, kun je zo'n skeletmodel zien, steeds in een zwemmende houding. Documentairemaker Carl Werner interviewde de wetenschapper die dit fossiel had gevonden. [1] Wat bleek? Het voorste gedeelte van de snuit ontbreekt. Hij gaf het zelf toe dat hij niet wist waar de neusopening was en dat het misschien wel geheel vooraan lag. Maar in de musea zien we een gedeeltelijk naar achter opgeschoven neus-opening, als "bewijs" voor evolutie. En van zwemvliezen bleek ook helemaal geen sprake te zijn. Vervalsing nummer twee!

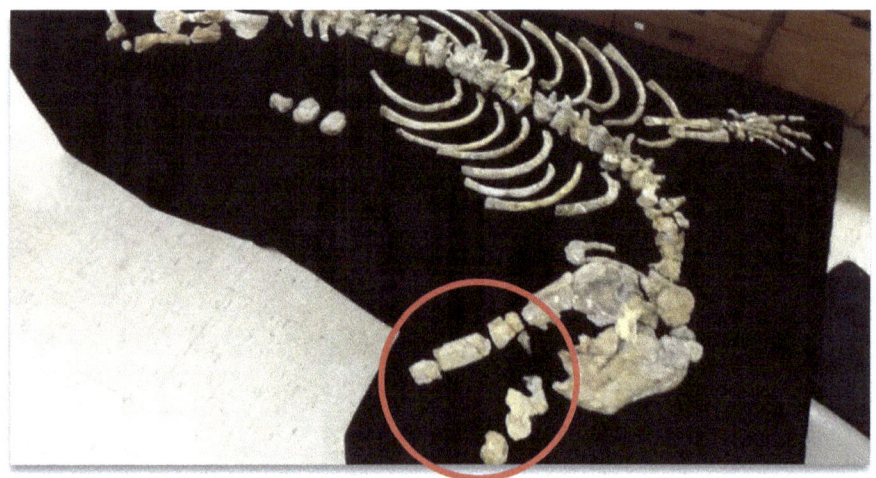

[1] Een uitgebreidere fotoreportage en verslag kunt u in zijn boek terugvinden: Werner Carl, Evolution: The Grand Experiment Vol. I, New Leaf Publishing Group; Rev Upd edition 2014 (op Amazon verkrijgbaar); zie ook: http://thegrandexperiment.com/whale-evolution.html

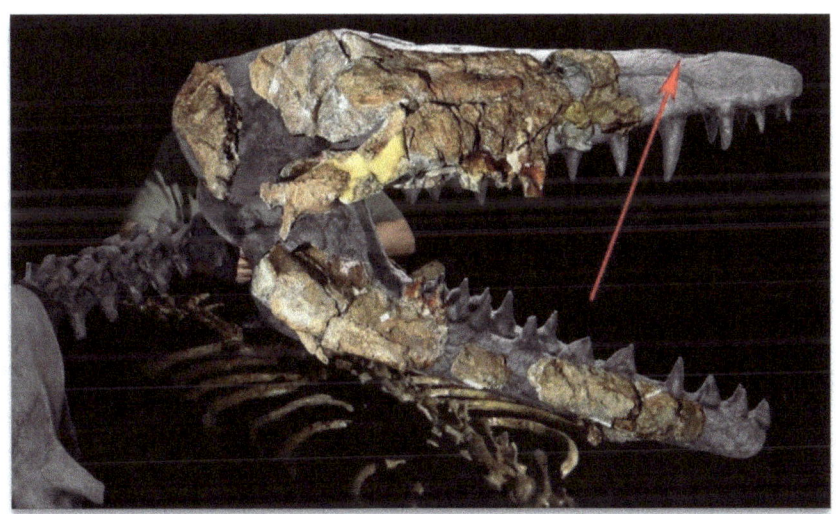

Uit Dr. Werners film: 'Evolution, the Grand experiment'. Dit is een skelet van Ambulocetus die in musea overal ter wereld te zien is. De stukken in kleur zijn de enige effectieve gevonden fossiele overblijfselen, het grijs is erbij gefantaseerd, zo ook dus het zogezegd "geëvolueerde spuitgat."

Skeletmodel en levend model van Ambulocetus natans in een museum. Deze modellen (met blaasgat en zwemvliezen) en tekeningen van een in water zwemmend dier zijn gebaseerd op de fantasie van twee wetenschappers, en hebben geen enkele fossiele basis. Ze zijn vals.

Een derde in de rij is *Rodhocetus*. Op het evolutieschema wordt dit dier weergegeven met een walvissenstaart en flippers. Toen documentairemaker Carl Werner opnieuw Dr. Gingerich aan de tand voelde, gaf hij toe dat ze de staart en de voorpoten van dit dier niet gevonden hadden. Hij veronderstelde dat dit dier een walvissenstaart en flippers had en tekende die er dan maar bij. Vele jaren later echter, vonden ze opnieuw een meer compleet skelet. In het interview (afgenomen in 2009) gaf hij toe dat hij nu de voorpoten heeft gevonden, waaruit blijkt dat het geen flippers had. En de ruggengraat bleek ook niet echt op dat van een walvis te lijken, zodat zijn conclusie was dat dit wellicht geen zwemmend dier was, maar gewoon een op het land levend zoogdier. Vervalsing nummer drie! Maar de professoren, wetenschappers en musea blijven deze valse modellen en tekeningen gewoon verder gebruiken alsof er niets aan de hand is!

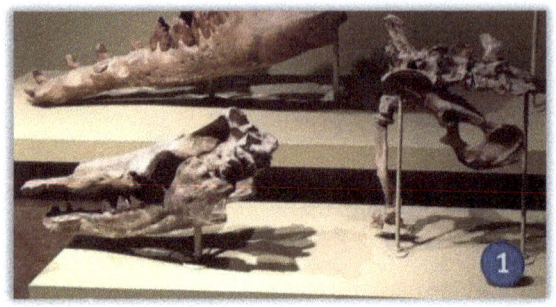

Let bovendien op de gigantische verschillen tussen de schedel van *Rodhocetus*, en diens zogezegde directe voorouder, *Ambulocetus* (de tanden, positie neusgat, positie oogkas enz…). De bouw is zodanig verschillend dat men zich kan afvragen of die dieren eigenlijk wel enige verwantschap hadden.

Geknoei met de "voorouders" van de vogels

Archaeopteryx zou een overgangsvorm zijn tussen dinosauriërs en vogels, maar het was toch reeds een volledig bevederde vogel, en dus een perfect vliegend wezen. Er zijn dan ook nergens in de fossielen aanwijzingen voor schubben op de kop van *Archaeopteryx*, wat het "half reptiel", "half vogel" zou hebben gemaakt, zoals de modellen doen uitschijnen.

Dit is een museumreconstructie:

Dit is mijn reconstructie:

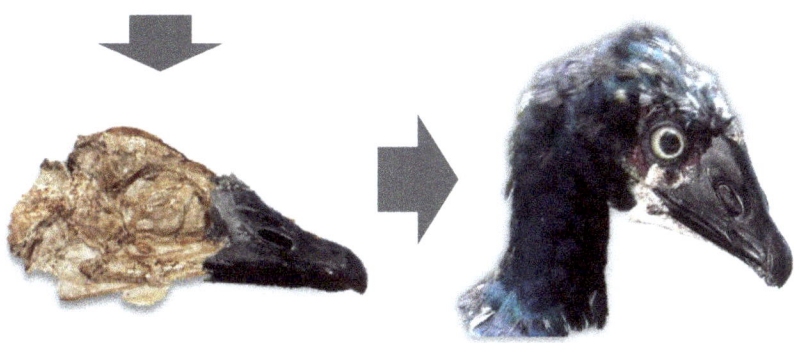

Het skelet toont duidelijk dat de voorste ledematen geen verlengde 'dinosauriërarmen' zijn, maar echte, volledig ontwikkelde vleugels, ondanks de klauwen. Archaeopteryx kon dus vliegen, net zoals andere vogels.

In China werden ook een heel aantal fossielen gevonden van *Confuciusornis*, een soort vogel met een tandenloze snavel, en met een klauw aan de vleugel, zoals bij *Archaeopteryx*. Deze fossielen werden gedateerd in het Krijt, op ca. 125 milj. jaar. (ca. 25 miljoen jaar verschil met *Archaeopteryx*).

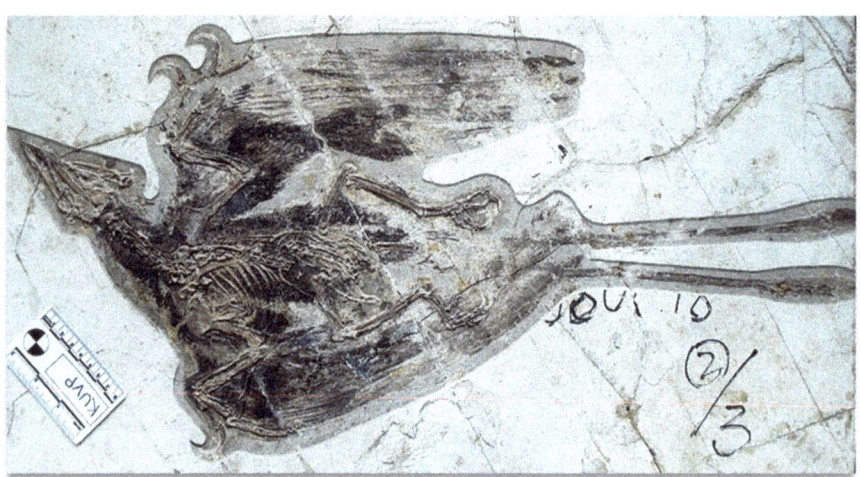

Klauwen aan vleugels is geen kenmerk dat uitsluitend voorkomt bij uitgestorven soorten. Er bestaan heden nog steeds vogelsoorten met klauwen aan hun vleugels. [2] Voorbeelden van klauwen bij volwassen exemplaren zijn de struisvogel (*Struthio camelus*) de emoe (*Dromaius novaehollandiae*) en de kuifhoenderkoet (*Chauna torquata*).

Een kuifhoenderkoet (Chauna torquata). Let op de twee klauwen op de uitgestrekte vleugel.

De kuikens van de hoatzin (*Opisthocomus hoazin*, zie figuur links) en de toerako's (*Musophagidae*) hebben ook een klauw aan hun vleugels om te klauteren in de bomen. Dit kenmerk verdwijnt zodra ze kunnen vliegen. Wellicht had de klauw van *Archaeopteryx* een gelijkaardige functie.

---

[2] https://thejackelscolumn.wordpress.com/2014/08/02/evolution-wings-of-the-modern-bird/

Bij *Archaeopteryx* zien we ook een lange benige staart. Andere fossiele skeletten van echte vliegende vogels hebben doorgaans een korte staart, zoals alle bestaande vogels. Maar er bestaan uiteraard wel moderne vogels met lange staartveren, én de staart van Archaeopteryx was volledig bevederd. Archaeopteryx heeft ook kleine tanden in zijn snavel. Er worden wel vaker fossiele vogels met tanden gevonden, zoals ook deze op meeuwachtige vogel (*Ichthyornis dispar* uit het Krijt, 85 milj.j.g.), die qua bouw slechts weinig verschilt van de huidige meeuwen:

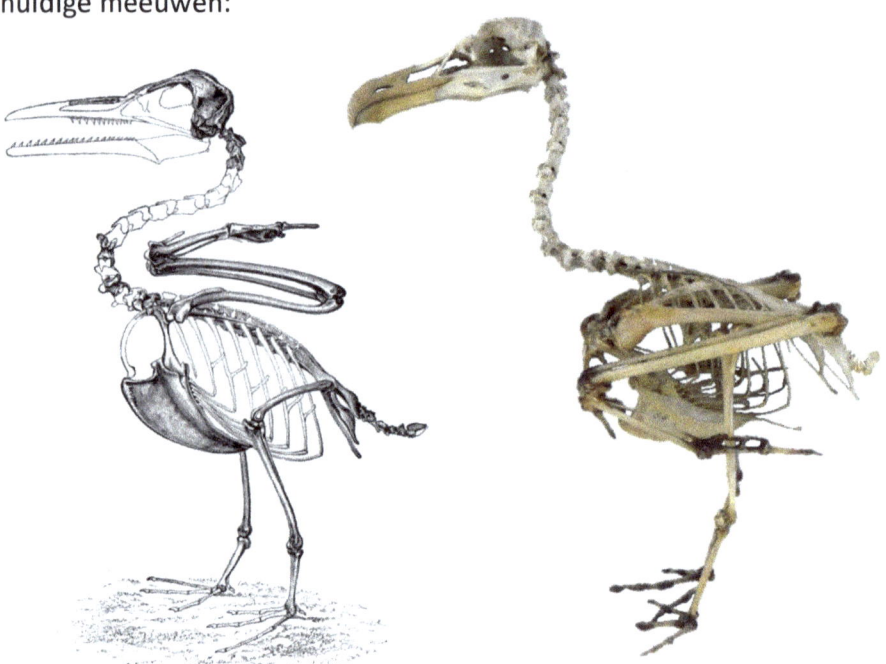

Wetenschappelijk onderzoek toonde aan dat heel wat vogelsoorten genen hebben om tanden aan te maken, maar dat die genen defect zijn door een mutatie.[3] Dat bewijst uiteraard niet dat ze van de dinosauriërs zouden afstammen.

---

[3] https://www.livescience.com/49109-bird-teeth-common-ancestor.html en https://www.audubon.org/news/how-birds-lost-their-teeth

Er werden ook modern uitziende vogels met keratine snavel zonder tanden gevonden in de lagen van het Jura. [4] Ook in de Krijtlagen worden heel wat modern uitziende vogelsoorten gevonden, zoals futen, flamingo's, aalscholvers, strandlopers, uilen, pinguïns en zelfs papegaaien, zoals Dr. Strickberger en paleontologen Dr. Sereno en Dr. Clemens bevestigen. [5]

Compleet fossiel skelet van Junornis houi, die eruit ziet als de hedendaagse moderne vogels (zonder tanden in de bek en zonder klauwen aan de vleugels), gedateerd in het Krijt, ca. 126 milj.j.g.

---

[4] https://canadajournal.net/science/ancient-chinese-bird-fossil-gives-clues-feather-colors-53267-2016/
[5] Werner Carl, Evolution: The Grand Experiment: Vol. 2 - Living Fossils, New Leaf Publishing Group/New Leaf Press; 1st edition 2009: Chapter 20: Birds

Uiteraard werden er veel meer fossiele hedendaags uitziende vogels gevonden, maar deze werden doorgaans gedateerd in het Cenozoicum. Enkele voorbeelden uit musea:

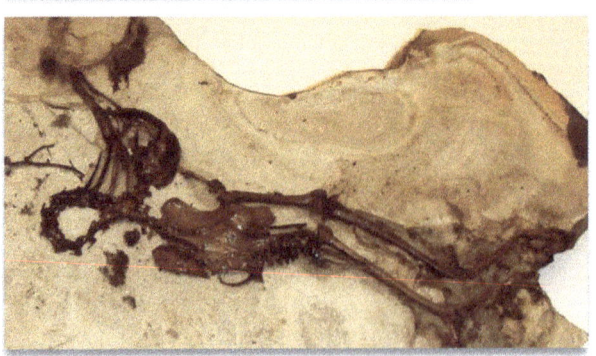

Archaeopteryx wordt intussen zelfs niet meer beschouwd als de voorouder van de vogels, maar wordt deze beschouwd als zijnde een losse, aparte groep. *Archaeopteryx* is dan ook helemaal geen bewijs voor evolutie van vogels uit dinosauriërs. *Archaeopteryx* was misschien wat bizar, maar het was een vogel. [6] Zoals ook bijvoorbeeld de helmkasuaris een aparte vogel is met aparte skeletbouw, zo was ook *Archaeopteryx* een aparte vogel met aparte skeletbouw.

Boven: helmcasuaris (Casuarius casuarius) – levend en skelet; onder: Archaeopteryx – reconstructie en skeletmodel

---

[6] De bewering dat de fossielen een vervalsing zouden zijn, werd door Charig et al. in 1986 weerlegd. https://science.sciencemag.org/content/232/4750/622

Maar er was nog een probleem: overgangsfossielen tussen vogels, *Archaeopteryx* en aanverwanten en dinosauriërs waren nog niet gevonden. Wat men vervolgens deed om het rijtje volledig te maken, is aan bepaalde dinosauriërmodellen veren toevoegen, terwijl daar geen enkel fossiel bewijs voor is. Er zijn wel een aantal dinosauriërfossielen bekend met afdrukken van wat lijkt op haar of veren. De meeste zogenaamde 'bevederde' dinosauriërs worden echter in Krijtlagen gevonden, en een recente nieuwe studie van het fossiel van *Sinosauropteryx* uit de Krijtlagen van de Jeholformatie in China wees erop dat deze zogenaamde primitieve 'veren' of 'protoveren' in werkelijkheid collageenvezels zijn. [7] Veel fossielen van dinosauriërs waarvan men zegt dat ze veren hadden, vertonen gelijkaardige structuren.

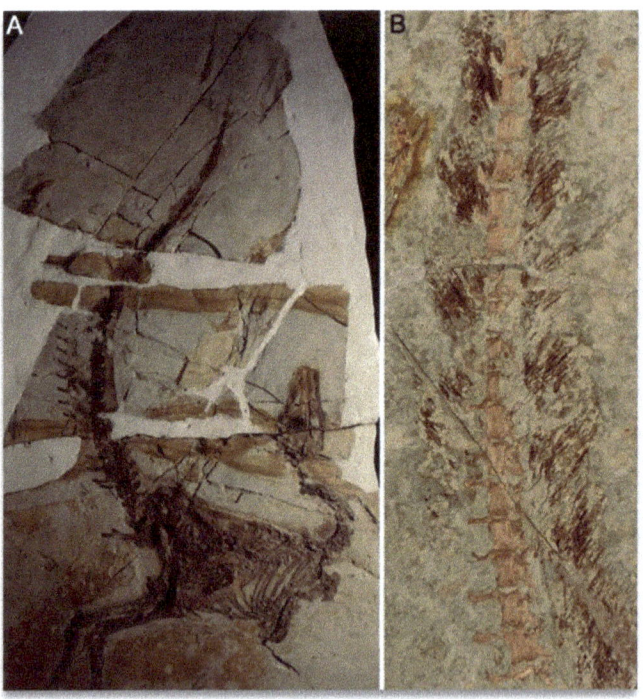

---

[7] A new Chinese specimen indicates that 'protofeathers' in the Early Cretaceous theropod dinosaur *Sinosauropteryx* are degraded collagen fibres http://rspb.royalsocietypublishing.org/content/274/1620/1823

Een voorbeeld van een dinosauriër waar veren aan toegevoegd werden, zonder dat er daar ook maar één millimeter bewijs voor is, is *Austroraptor*. Dit is het skelet:

Dit is de reconstructie van *Austroraptor*: een dinosaurus met verenkleed en slagpennen aan de voorpoten:

Opnieuw: er is hier geen millimeter bewijs voor gevonden. Ook de *Velociraptor* (bekend van Jurassic Park) wordt nu met veren afgebeeld, terwijl daar geen fossiele aanwijzingen voor zijn gevonden.

Een andere 'bewijsstuk' om het evolutionaire diagram te vervolledigen, was de zogenaamde *Archaeoraptor*, afkomstig uit China. Het dier zou een staart van een dinosauriër gehad hebben, maar ook vleugels. Een belangrijke vondst, zo dacht men. Het bleek echter een vervalsing te zijn: het fossiel bestaat uit verschillende samengevoegde delen van fossielen van verschillende diersoorten. Ondanks het feit dat dit door Dr. Rowe ontmaskerd werd via een CT-scan, publiceerde National Geographic in 1999 deze 'vondst' in hun tijdschrift als zijnde de *"missing link"*. Het artikel werd later dan toch terug ingetrokken. [8]

Het beruchte valse fossiel van 'Archaeoraptor', dat bleek te bestaan uit een combinatie van fossielen van 5 verschillende diersoorten.

Dr. Storrs Olson, curator van de afdeling vogels in het Natuurhistorisch museum van Washington DC en een internationaal gerenommeerde paleo-ornitholoog, schreef in 1999 een open brief aan Dr. Peter Raven van National Geographic in verband met de publicatie in hun tijdschrift van de 'vondst' van *Archaeoraptor*. [9] Dr. Olson schreef: *"Met de publicatie van "Veren voor T. rex?" door Christopher P. Sloan in hun november-uitgave, heeft National Geographic nieuwe laagten*

---

[8] http://www.science20.com/between_death_and_data/5_greatest_palaeontology_hoaxes_all_time_3_archaeoraptor-79473

[9] http://thegrandexperiment.com/images/pdfs/Storrs%20L.%20Olson%20OPEN%20LETTER.pdf en http://dml.cmnh.org/1999Nov/msg00263.html

bereikt voor hun betrokkenheid in sensatiebeluste, ongefundeerde roddelkrantjournalistiek. [...]. Nog belangrijker is, echter, dat van geen enkele van de structuren in het artikel van Sloan waarvan wordt beweerd dat het veren zouden zijn, effectief bewezen is dat het veren zijn. [...] De hype omtrent gevederde dinosauriërs in de expositie die heden staat tentoongesteld bij de National Geographic Society is zelfs nog erger, en maakt de valse bewering dat er sterk bewijs is dat een wijde variëteit vleesetende dinosauriërs veren had. Een model van de onbetwiste dinosaurus Deinonychus en illustraties van baby-tyrannosaurussen worden in veren gekleed afgebeeld; dit alles is gewoonweg denkbeeldig en heeft geen plaats buiten science fiction. Het idee van gevederde dinosauriërs en de oorsprong van vogels uit Theropoda wordt actief verkondigd door een groep van toegewijde wetenschappers die samenwerken met bepaalde redacteurs bij Nature en National Geographic die zelf uitgesproken en hoog partijdige verkondigers van het geloof zijn. Waarheid en zorgvuldige wetenschappelijke afweging van bewijsmateriaal is onder één van de eerste slachtoffers geweest in hun programma, die nu snel één van de grotere wetenschappelijke hoaxen van onze tijd aan het worden is."

Geknoei met de "voorouders" van de mens

Ook de evolutie van de mens is een veelgebruikt stokpaardje in de wetenschap. De zogezegde grote hoeveelheid bewijsmateriaal zou dit moeten bewijzen. Volgens de wetenschap stammen de huidige "mensachtigen", waartoe o.a. de gorilla, de chimpansee, de orang-oetan en de mens behoort, van één gemeenschappelijke voorouderlijke aap af die ongeveer 5 miljoen jaar geleden moet geleefd hebben. Die was aangepast om te leven in de bomen (zoals een chimpansee) en zou door veranderende leefomstandigheden meer op de grond zijn beginnen lopen, waardoor die aap evolueerde en rechtop begon te lopen. Deze aap, die nu uitgestorven is, en die *Australopithecus* wordt genoemd en volgens evolutiewetenschappers zo'n 2 tot 4 miljoen jaar geleden leefde, zou aanleiding gegeven hebben tot de mens.

Het bewijs dat *Australopithecus* rechtop liep en dus een overgangsvorm was tussen een viervoetige aap en de rechtop lopende mens, wordt bewezen door de vondst van fossiele skeletten van *Australopithecus* die duidelijk een mensachtige heup hebben en fossiele voetafdrukken van Australopithecus, die 3 miljoen jaar oud zijn.

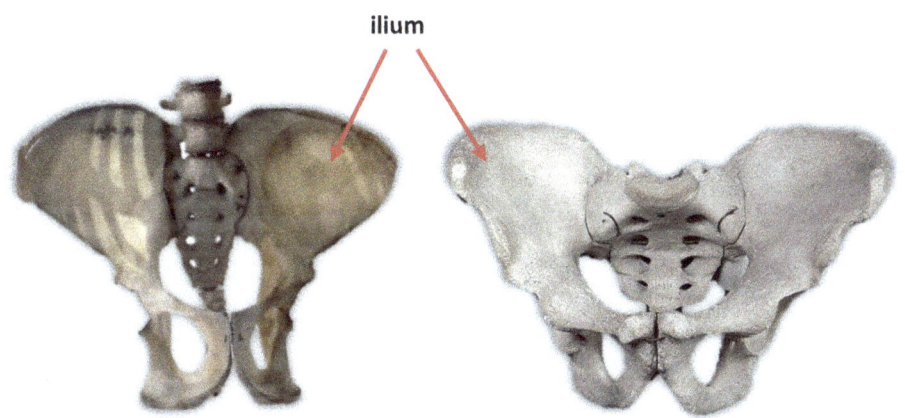

Links de heup van een gorilla (Gorilla gorilla); rechts de heup van een mens. De mens onderscheidt zich van de apen doordat het ilium zeer duidelijk zijwaarts staat gericht.

Er zijn echter zeer veel problemen met het zogenaamd "fossiel bewijs" voor de evolutie van de mens. Van het geslacht *Australopithecus* werden maar handvol noemenswaardige vondsten gedaan in heel Afrika, en geen enkel compleet skelet. Er moeten dus steevast

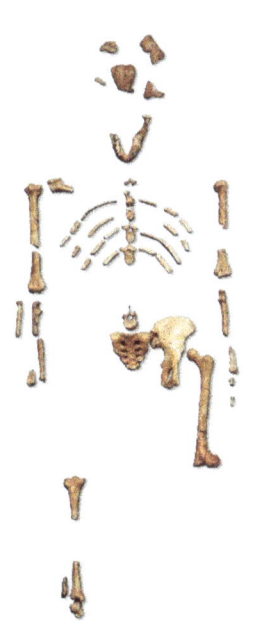

reconstructies worden gemaakt, waarbij er veel ruimte is voor "interpretatie." De overblijfselen van 'Lucy' *(Australopithecus afarensis)*, één van de eerste "geëvolueerde rechtop lopende" apen die als directe voorouder van de moderne mens wordt beschouwd, is slechts 40% compleet en bestaat eigenlijk uit overblijfselen van twee afzonderlijke skeletten: de knie werd 2,5 kilometer verderop gevonden [10] en de femur bestaat uit samengevoegde afzonderlijke stukken. De knie die (vooraan gezien) net zoals bij de mens een hoek van ca. 15° vertoont zou een eerste indicatie zijn dat deze aap rechtop liep. Er zijn echter ook moderne apen die een knie onder een hoek hebben. Het

---

[10] https://en.wikipedia.org/wiki/Lucy_%28Australopithecus%29

heupgewricht, dat fracturen vertoonde en vervormd was, leek volgens Dr. Owen Lovejoy (de antropoloog die Lucy "reconstrueerde") teveel op dat van een aap en was dus problematisch. Bij apen staat het ilium (het 'blad') naar achter gericht. Bij Lucy stond het initieel ook naar achter gericht. Dr. Lovejoy manipuleerde en "reconstrueerde" de heup van Lucy, zodat het ilium nu wat meer zijwaarts gericht stond, zoals van een mens. Het resultaat was dan een zogenaamd rechtop lopende aap van ca. 1,10 m groot. [11]

Links de gereconstrueerde heup (voor- en zijaanzicht); rechts de reconstructie van Lucy die men overal in musea kan zien. De heup lijkt zeer sterk op die van een mens.

---

[11] In Search of Human Origins – episode 1   https://vimeo.com/304388621

De heup van Lucy was inderdaad wat vervormd. Het probleem is dat de heup van STS 14 (*A. africanus*) bijna identiek is aan de originele heup van Lucy, zodat het onmogelijk kan zijn dat beide heupen op volledig identieke wijze 'misvormd' werden tijdens fossilisatie. Bij STS 14 heeft men de rech-terheup, die meer gefragmenteerd was, een wat meer menselijk uitzicht gegeven, maar de complete linkerheup, die duidelijk de kenmerken van een apenheup heeft, ongewijzigd gelaten.

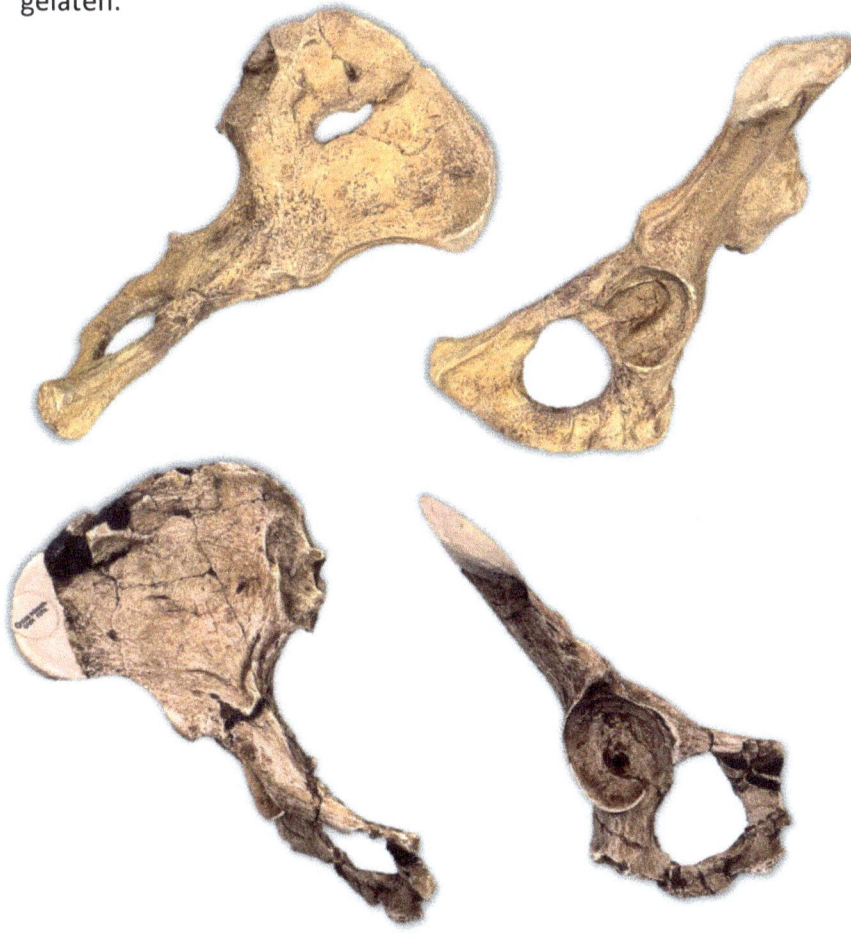

Boven: de rechterheup van Lucy; onder: de linkerheup van STS 14.

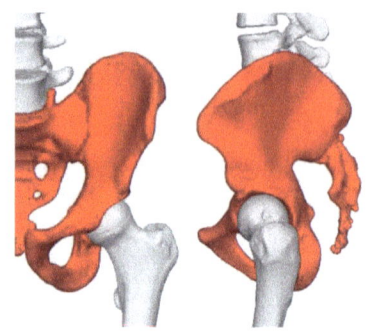
Bij een mens staat het ilium zeer duidelijk zijwaarts gericht. Zonder zo'n heup kan men niet lang rechtop lopen. Het probleem is men tot op heden nog géén voorouderlijke aap heeft gevonden die een heup heeft zoals van een mens, zonder dat er aan moest worden 'gefoefeld.' Het is duidelijk dat bij Lucy enkel de positie van de pubis (de voorkant, waar zich het gat bevindt) wat gecorrigeerd moest worden, maar niet het ilium. Het resultaat zou vervolgens de heup geweest zijn zoals onze zeer eenvoudige reconstructie van de complete heup van STS 14 hieronder: een heup van een aap.

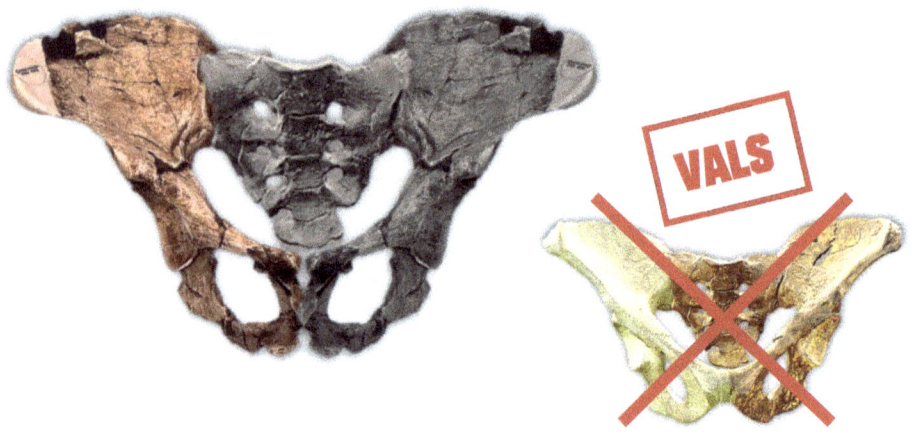

Links een reconstructie van de heup van STS 14 (Australopithecus africanus); rechts: de reconstructie van de heup van Lucy (A. afarensis) door Dr. Lovejoy (niet op schaal).

Nog een ander belangrijk gegeven voor de bewering dat *Australopithecus* rechtop kon lopen is de vondst van fossiele voetafdrukken in Laetoli, Tanzania, die gedateerd werden op 3,7 miljoen jaar en toegeschreven werden aan *Australopithecus afarensis*. In de musea, waar deze voetafdrukken worden getoond in de afdeling over de evolutie van de mens, wordt steevast een paartje wandelende rechtop lopende apen getoond.

De voetafdrukken zien er mensachtig uit; vandaar dat alle modellen van *Australopithecus* steevast mensenvoeten hebben. Het probleem is dat we nu weten, aan de hand van het fossiel van 'Little Foot', dat *Australopithecus* een apenvoet had, en geen mensachtige voet.

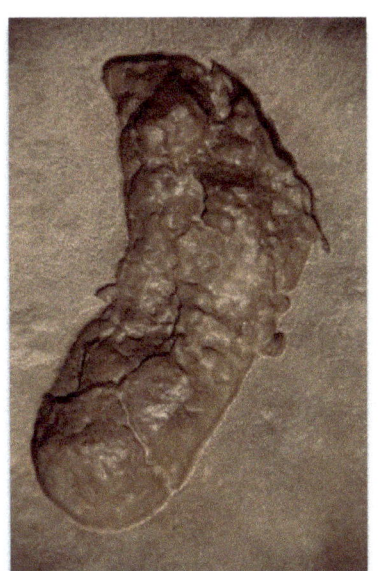 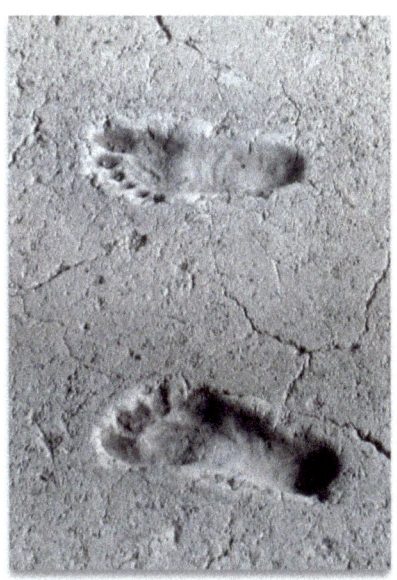

Links: een afgietsel van een voetafdruk van Laetoli, Tanzania; rechts de 2100 jaar oude menselijke voetafdrukken in (versteende) vulkanische modder in Managua, Nicaragua.

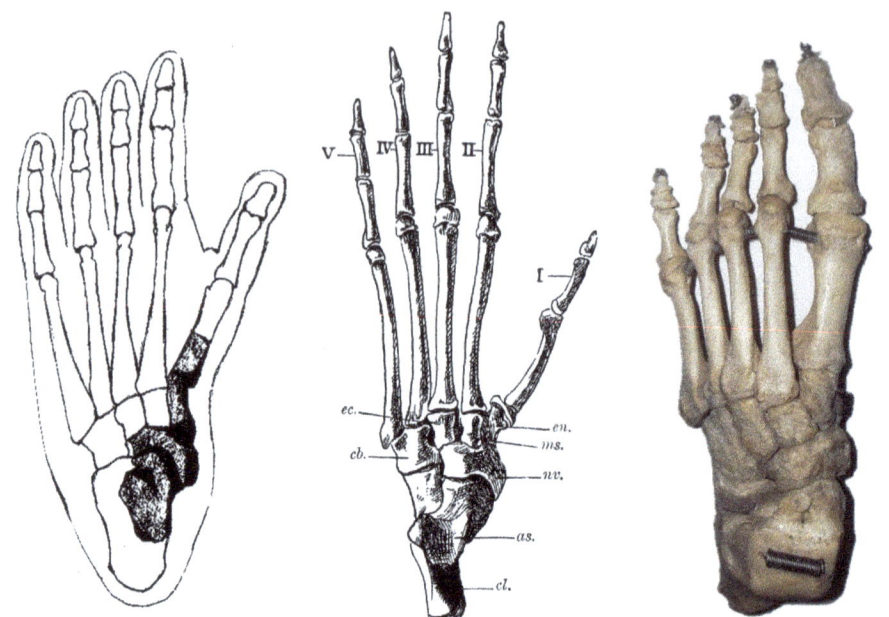

Links: reconstructie van de voet van 'Little Foot' (Australopithecus sp.), midden: voetskelet van een chimpansee (Pan troglodytes), rechts: voetskelet van een mens (Homo sapiens).

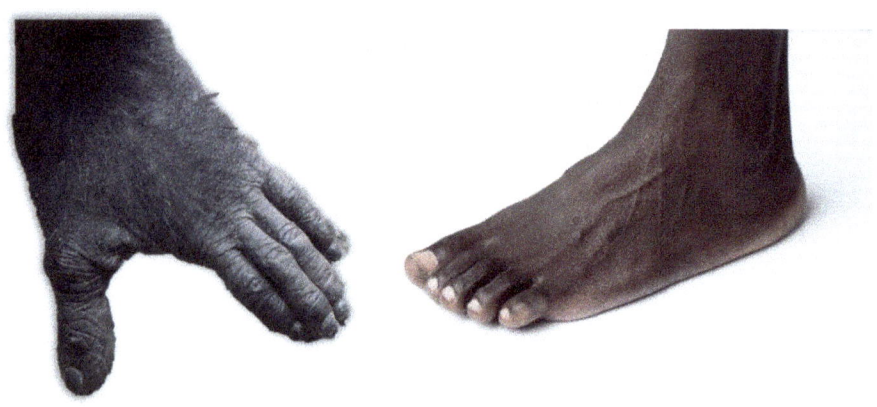

Links: de voet van een chimpansee; rechts: de voet van een mens.

Het wordt duidelijk dat de bewering dat de voetafdrukken van Laetoli van *Australopithecus* zouden zijn, problematisch wordt.

Andere vondsten van *Australopithecus* leveren eveneens géén bewijs voor rechtop lopende apen, inclusief het vrij complete skelet van 'Little Foot,' waar de voet eruit ziet als die van een chimpansee, en de heup er ook eerder aapachtig uit ziet. [12] Hier volgt een samenvattend overzicht:

Specimen	Omschrijving
Lucy (A. afarensis)	Incompleet skelet; heup, die een apenheup toonde, werd gemanipuleerd en gereconstrueerd. **Geen bewijs dat deze aap rechtop liep.**
AL 333-160 (A. afarensis)	Een middenvoetsbeen dat in 2011 werd ontdekt, en volgens Ward *et al.* leek op dat van een mens, en dus toonde dat dit individu permanent rechtop liep. Werd kort daarna middels diepgaandere studie door Mitchell *et al.* weerlegd. Het voetbeen leek het meest op de 4de middenvoetsbeen van een gorilla, een 4-voetige aap die voornamelijk op de grond leeft. **Geen bewijs dat deze aap rechtop liep.**
Taungkind (A. africanus)	Slechts een onvolledige schedel. **Geen bewijs dat deze aap rechtop liep.**
Mevr. Sples (A. africanus)	Slechts een schedel. **Geen bewijs dat deze aap rechtop liep.**
Little Foot (A. sp.)	Skelet vol fracturen; voet zoals van een chimpansee (dus niet geschikt om rechtop te lopen); heup toont eerder een apenheup. **Geen bewijs dat deze aap rechtop liep.**
STS 14 (A. africanus)	Enkele botten waaronder complete, maar ook weer gebroken en vervormde heup. Linkse, intacte helft toont apenheup; rechtse, meer gefragmenteerde helft werd gereconstrueerd tot een mensachtige heup. Werkelijke heup wijst erop dat dit dier een apenheup had. **Geen bewijs dat deze aap rechtop liep.**
MH1 (A. sediba)	Incompleet skelet van een juveniel, slechts 3 heupfragmenten (zie ook foto onder). Zwaar gemanipuleerde reconstructie (meer gips dan het fossiel materiaal) toont mensenheup. Werkelijke fossielen leveren echter **geen bewijs dat deze aap rechtop liep.**
MH2 (A. sediba)	Incompleet skelet; slechts 3 heupfragmenten. Gemanipuleerde reconstructie toont opnieuw mensenheup. Wederom: werkelijke fossielen leveren **geen bewijs dat deze aap rechtop liep.**
Meerdere specimens (A. anamensis)	Geen heupen, voeten of benen gevonden. **Geen bewijs dat deze aap rechtop liep.**

---

[12] https://www.nationalgeographic.com/news/2017/12/million-year-old-human-ancestor-unveiled-to-public-spd/

Links zie je een schedel van *Australopithecus africanus* en rechts de schedels van een chimpansee (*Pan troglodytes*). Zie jij veel verschil? Als er niet veel verschil is, was er dan wel evolutie?

Ook de schedel van het zogenaamde 'Taungkind', een juveniel exemplaar van *Australopithecus africanus*, dat in 1924 in Taung in Zuid-Afrika werd gevonden, lijkt zeer goed op de schedel van een juveniele chimpansee (*Pan troglodytes*):

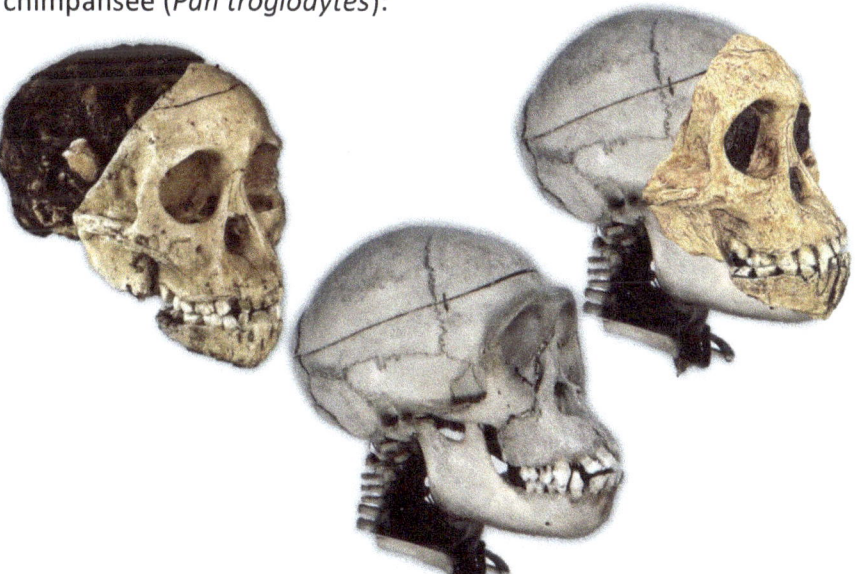

Australopithecus had alle kenmerken van een aap (heup van een aap, de voeten van een aap; en de schedel van een aap met het hersenvolume van een aap), en was dan ook gewoon een aap.

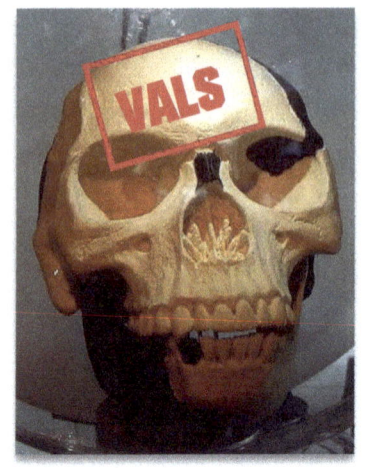
De zogenaamde "*missing link*" tussen aap en mens, de "Piltdown man", die in 1912 werd gevonden, en waar o.a. de Franse Jezuïet Pièrre Teilhard de Chardin bij betrokken was, bleek dan weer bedrog te zijn. [13] Men had opzettelijk fossielen van een aap en een mens gecombineerd om het bewijs te leveren voor een overgangsvorm. Pas 41 jaar later werd ontdekt dat de gereconstrueerde schedel eigenlijk bestond uit delen van de kaak en tanden van een orang-oetan en schedelfragmenten van een kleinhoofdige mens. Andere fossiele overblijfselen van zogenaamde tussensoorten zijn zo schaars en zo incompleet dat ze vaak hele reconstructies moeten uitvoeren. Vaak wordt één "tussensoort" beschreven aan de hand van een handvol botfragmenten. Zo werd *Homo rudolfensis* beschreven op basis van één enkele schedel die werd gereconstrueerd uit "honderden stukjes." De ontdekker, Dr. Leakay, gaf er tijdens de reconstructie een wat recht, menselijk gelaat aan en zorgde dat de schedelinhoud 700 cm³ bedroeg. [14]

Bij een recentere reconstructie via computertechnieken door de Amerikaanse onderzoeker Timothy Bromage werd de kaak meer naar voor geplaatst, en werd de schedelinhoud verkleind naar 500 cm³. Als gevolg zag de schedel er meer aapachtig uit.

---

[13] https://en.wikipedia.org/wiki/Piltdown_Man
[14] https://australianmuseum.net.au/homo-rudolfensis

Laten we nu de recente mens bestuderen. Eerst en vooral is het belangrijk om op te merken is dat de mens een wijde variatie in schedelvormen vertoont.

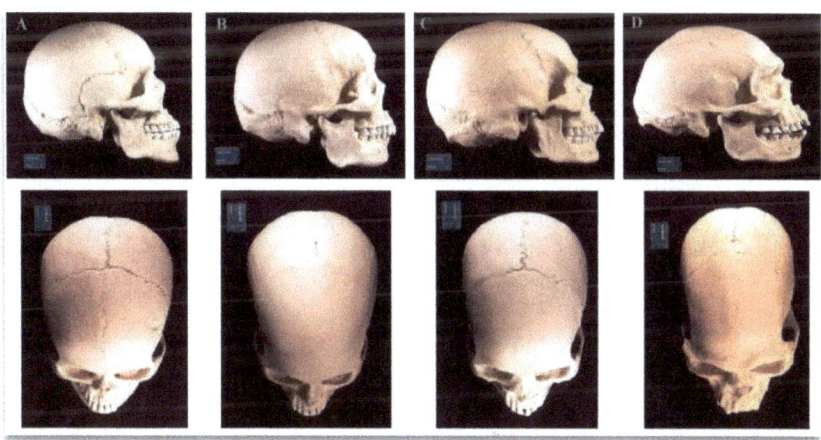

Van links naar rechts: Aziatisch, Europees, Afrikaans en Australisch.

Laten we vervolgens de directe "voorouders" van de moderne mens onder de loep nemen. *Homo erectus* wordt gezien als de oudere voorouder, waaruit *Homo heidelbergensis* ontstond. Uit die soort ontstond dan de neanderthaler en de huidige mens. Als we nu de schedel van *Homo Heidelbergensis* vergelijken met die van een aboriginal, dan zien we dat deze toch wel opvallend veel gelijkenissen met elkaar vertonen:

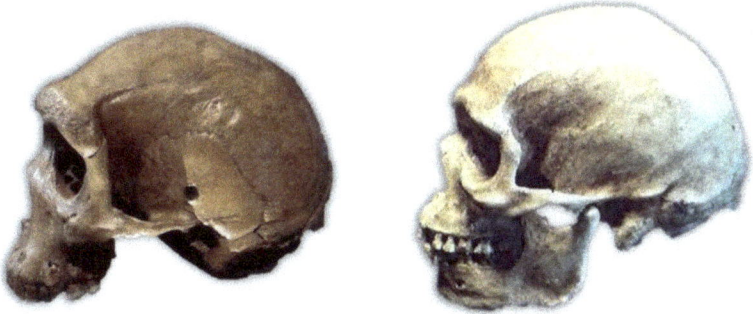

Links: Een schedel van Homo heidelbergensis (ca. 500.000 jaar oud); rechts een recente schedel van Homo sapiens (Aboriginal).

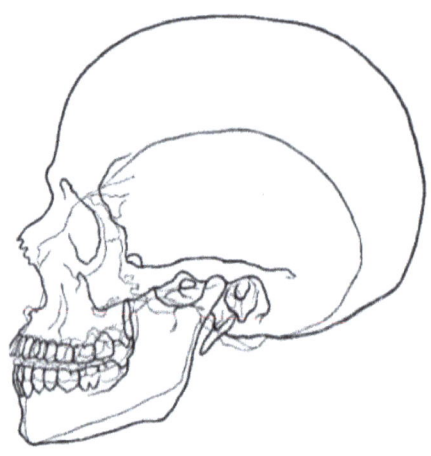
Daarnaast is het belangrijk om op te merken dat er ook heel wat schedels van mensen met een bepaalde ziekte of afwijking bestaan. Mensen met microcefalie hebben een kleinere hersenpan ten gevolge van een aandoening aan het centrale zenuwstelsel. Links: een tekening uit een Russische encyclopedie van 1898 toont een schedel van iemand met een zware vorm van microcefalie getekend in een schedel van een gezonde mens.

Azzo Bassou (letterlijk vertaald 'beest-mens') was iemand met microcefalie die leefde in Marokko in de jaren 1930. [15] Hij leefde afgezonderd en vrij primitief en kon bijna niet spreken, enkel wat klanken uitbrengen. Wetenschappers dachten toen dat ze een levende 'missing link' hadden gevonden en noemden hem de aapmens van Dadis. Op de volgende bladzijde zie je het hoofd van 'Azzo Bassou'; rechts een vergelijking met de tekening van de schedel van Javamens (*Homo erectus*, 1 milj. j.g.). De overeenkomst is treffend.

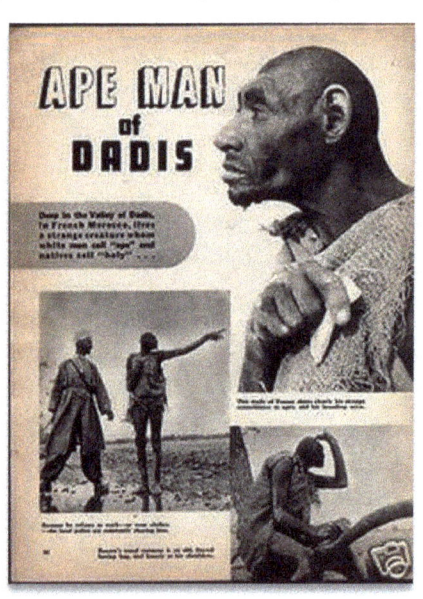

---

[15] http://www.strangestrangestrange.com/was-azzo-bassou-the-missing-link

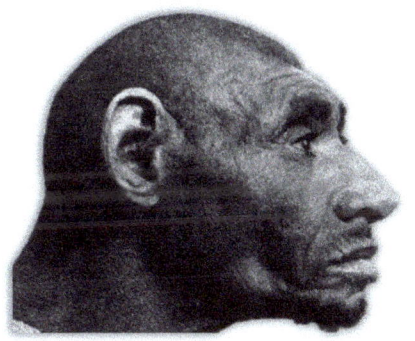 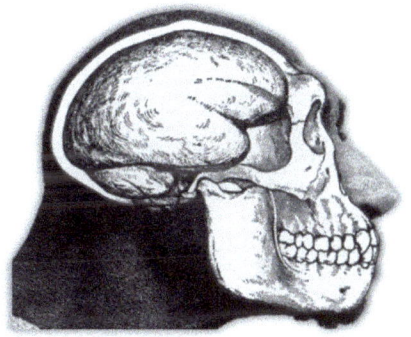

Mensen die lijden aan acromegalie (overmatige productie van het groeihormoon) vertonen een vergroving van extremiteiten, ook in het gezicht (voorhoofd, kaak,...). Bij mensen in de groeifase resulteert dit in gigantisme. Opvallend is dat schedels van zo'n individuen sterk lijken op die van neanderthalers: met uitstekende wenkbrauwbogen, forse kaak, etc. Wellicht waren neanderthalers ook mensen met een bepaalde genetische afwijking, want ook neanderthalers hebben een wat grotere en forsere schedel dan een gewone mens, en een gedrongen, maar forsere skeletbouw, met o.a. grovere gewrichten. [16]

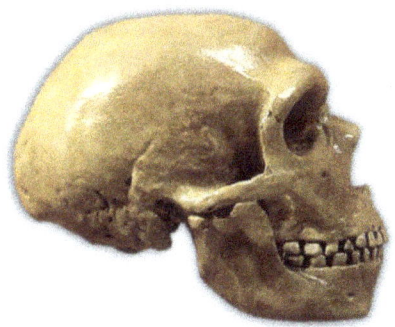 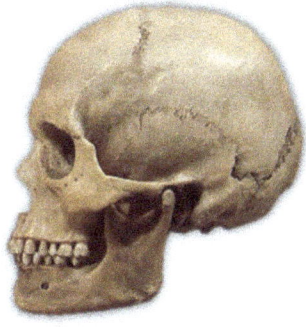

Het feit dat de gewone mens kon kruisen met de neanderthaler betekent dat het niet ging om een 'aparte soort', maar gewoon een mensenras. [17]

---

[16] Vergelijkende figuur: schedel en gewrichten zijn bij neanderthaler forser: http://gravedigress.blogspot.com/2014/04/how-can-we-explain-modern-humans.html
[17] https://www.theatlantic.com/technology/archive/2011/09/it-wasnt-just-neanderthals-ancient-humans-had-sex-other-hominids/338117/

Linksboven: een klassieke museumvoorstelling van een neanderthaler; rechtsboven: een museumreconstructie van een neanderthaler in maatpak - dus zoals deze persoon er vandaag zou uitzien; linksonder: de Franse worstelaar Nicolas Tillet (met acromegalie); rechtsonder: de Russische bokser Nikolai Valuev (met gigantisme). De gelijkenissen zijn treffend.

Opvallend is ook: sommige schedels van neanderthalers lijken heel sterk op die van een aboriginal, andere eerder op een gewone Europese mens, en andere dan weer op *Homo erectus*...

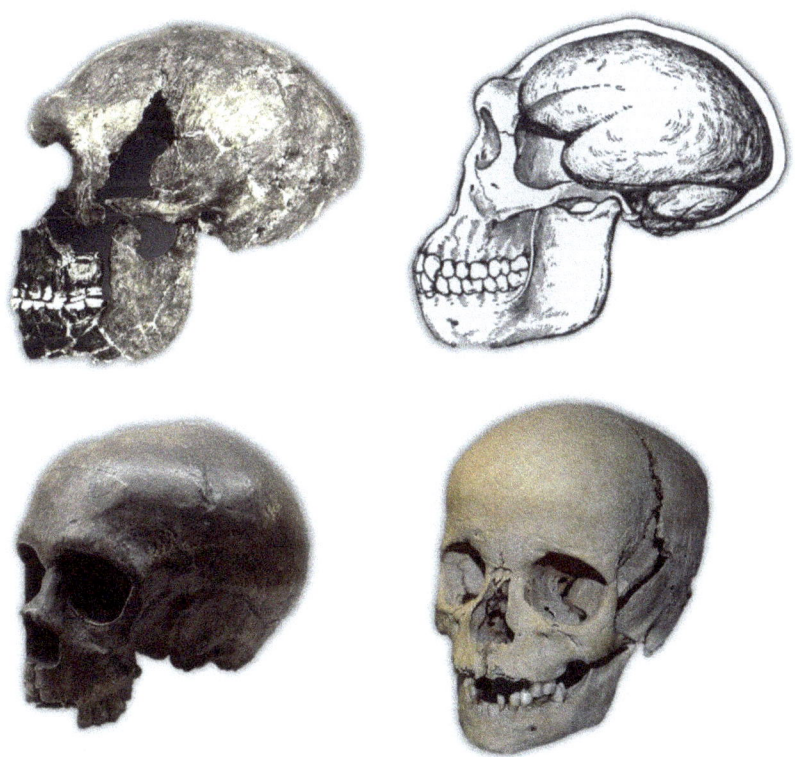

Linksboven: La Quina H5 (Homo neanderthalensis, ca 43.000 j.g.); rechtsboven: Javamens (H. erectus javanicus, ca. 1 milj.j.g.); linksonder: La Quina H18 (H. Neanderthalensis); rechtsonder: recente West-Europese mens (H. sapiens).

Wat hier duidelijk wordt, is dat een schedel een wetenschappelijke naam krijgt toegekend aan de hand van de vindplaats en de datering. Indien H5 (de schedel linksboven) als *H. erectus* zou worden geïdentificeerd (zoals de schedel rechtsboven), dan zou de vindplaats, maar vooral de datering problematisch zijn voor de evolutietheorie, want *Homo erectus* kan volgens de evolutietheorie onmogelijk 43.000 jaar geleden geleefd hebben, dat is veel te recent!

Geen overgangsvormen gevonden

Zoals we net konden zien, was men bij bepaalde diergroepen in staat om een soort stroman op te zetten, een zogenaamd bewijs voor evolutie. Maar bij de meeste diersoorten en diergroepen zitten ze met de handen in het haar, omdat er tot op heden nog geen enkele 'aanwijsbare voorouder' werd gevonden. Dit geldt bijvoorbeeld voor de vleermuizen. Er zijn ruim 1000 fossielen van vleermuizen gevonden [18], maar er is nog geen enkel fossiel bekend van een mogelijke 'overgangssoort': een soort kruipend dier dat voorpoten zou vertonen met verlengde vingerkootjes en vliezen. Alle bekende fossielen zijn afkomstig van perfect gevormde vleermuizen: er is niets primitiefs of nog 'niet volledig geëvolueerd' aan te merken

Links: Archaeonycteris, rechts: Palaeochiropteryx, allen uit het Eoceen (ca. 48 miljoen jaar geleden)

---

[18] Werner Carl, Evolution: The Grand Experiment Vol. I, New Leaf Publishing Group; Rev Upd edition 2014

Een fossiel van Icaronycteris index, een vleermuis uit het vroeg Eoceen, zo'n 50 miljoen jaar geleden. Het dier had zogezegd "primitieve kenmerken", zoals een langere staart die niet vastzat aan het huidmembraan en tanden zoals van een spitsmuis. [19] *Echter, dit zijn compleet normale kenmeren van hedendaagse vleermuissoorten.*

Een levend exemplaar van de kleine klapneusvleermuis (Rhinopoma hardwickii), in het Engels beter bekend als 'lesser mouse-tailed bat'.

---

[19] https://en.wikipedia.org/wiki/Icaronycteris; Palmer, D., ed. (1999). The Marshall Illustrated Encyclopedia of Dinosaurs and Prehistoric Animals. London: Marshall Editions. ISBN 1-84028-152-9.

Fossielen van organismen uit totaal verschillende biotopen naast elkaar

In veel afzettingen worden vaak fossielen van zowel land- als zeedieren door elkaar gevonden. Ze zijn bovendien vaak heel goed bewaard gebleven, wat wijst op een catastrofe en een snelle begraving in een dik pak sediment. Een mooi voorbeeld is de kalksteenformatie in Solnhofen, Duitsland, welke zou dateren uit het boven-Jura. We hebben reeds enkele fossielen getoond die afkomstig zijn uit deze formatie. Het probleem is dus dat daar fossielen naast elkaar worden gevonden van dieren die in de (diep)zee leven en dieren die in het woud leven. De libel, de hagedis en de vogel (*Archaeopteryx*) leefden in het woud, terwijl de coelacant op meer dan 200 meter diepte leefde in de oceaan:

Hier zie je een zee-reptiel (*Ichtyosaurus*), een zee-egel, een zeelelie, een krokodil, een inktvis, een vlinder, een hagedis en een rog (niet op gelijke schaal weergegeven). Ze worden gewoon door elkaar gevonden in hetzelfde gesteente, van dezelfde formatie in Solnhofen.

Uitsterving: bewijs voor evolutie?

Een pterosaurus.

Is het uitsterven van diersoorten nu bewijs voor evolutie? Neen. Darwin schreef in zijn boek dat overgangsvormen, en 'lagere' soorten door de beter geëvolueerde soorten zouden weggeconcurreerd worden. Dat is echter niet zo. Vandaag bestaan er nog altijd bacteriën, wormen, schelpdieren, inktvissen, koralen, insecten, vissen, amfibieën, reptielen,... Er zijn, zoals we eerder al zagen, levensvormen die in de fossielenlagen worden gevonden, die vandaag nog altijd onveranderd voortbestaan. Er zijn zeker diersoorten uitgestorven, maar dat is iets van alle tijden, en het is niet omdat ze een overgangsvorm waren van een later ontstane "beter ontwikkelde" soort. Ze werden gewoon te intens bejaagd, hadden slechts een klein leefgebied of waren klein in aantal, waardoor ze kwetsbaar waren voor klimatologische veranderingen, en daardoor hielden ze op zeker moment op te bestaan. De uitgestorven wolharige mammoet is niet de voorouder van de olifant, de uitgestorven trekduif niet de voorouder van de stadsduif, de uitgestorven reuzenalk niet de voorouder van de gewone alk, het uitgestorven reuzenhert is niet de voorouder van het edelhert, de uitgestorven Stellers' zeekoe is niet de voorouder van de gewone zeekoe en de uitgestorven sabeltandtijger is niet de voorouder van de panter.

Hier zie je enkele recent uitgestorven diersoorten: de reuzenalk (+1844), de wolharige mammoet, het reuzenhert, de Stellers' zeekoe (+1768). Geen van hen was de voorouder van een nu nog bestaande soort. Dit geldt niet enkel voor deze uitgestorven soorten, maar voor alle uitgestorven soorten.

Zacht weefsel in fossielen van dinosauriërs

In 2012 werden zacht weefsel van bloedvaten en intacte osteocyten (beenvormende cellen) gevonden in de hoorn van een *Triceratops*. [20] De wetenschapper die deze ontdekking deed, Mark Armitage, werd ontslagen van de universiteit waar hij werkzaam was, omdat ze zijn bevindingen niet tolereerden. [21] Mark Armitage was zo welwillend om enkele foto's van zijn vondsten te voorzien voor dit boek.

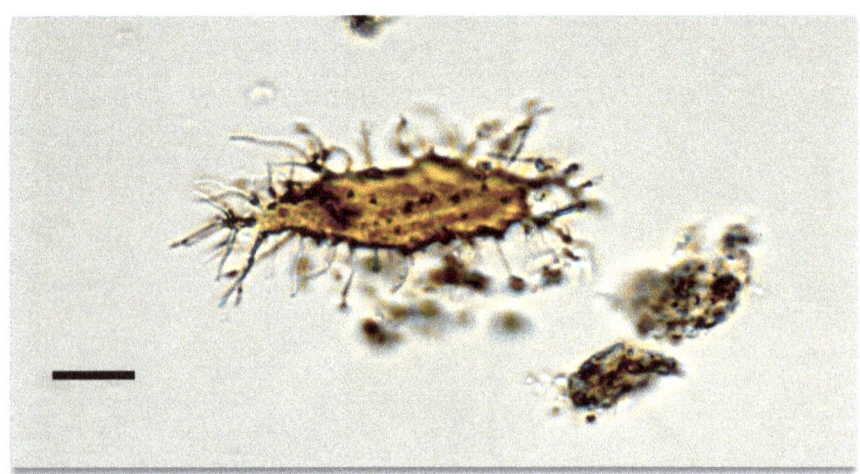

Osteocyten uit de hoorn van een Triceratops getoond door een gewone microscoop.

---

[20] https://www.sciencedirect.com/science/article/pii/S0065128113000020
[21] http://losangeles.cbslocal.com/2014/07/24/scientist-alleges-csun-fired-him-for-discovery-of-soft-tissue-on-dinosaur-fossil/

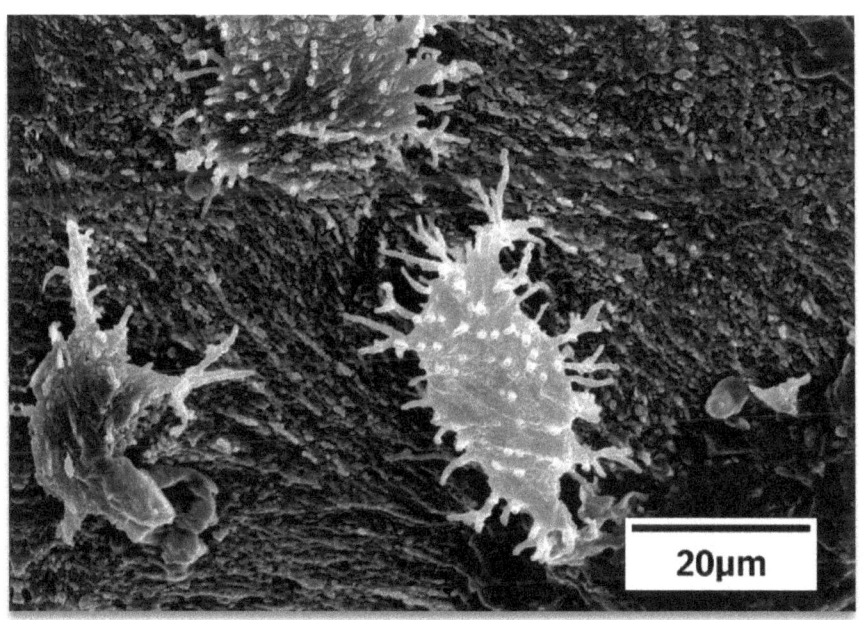

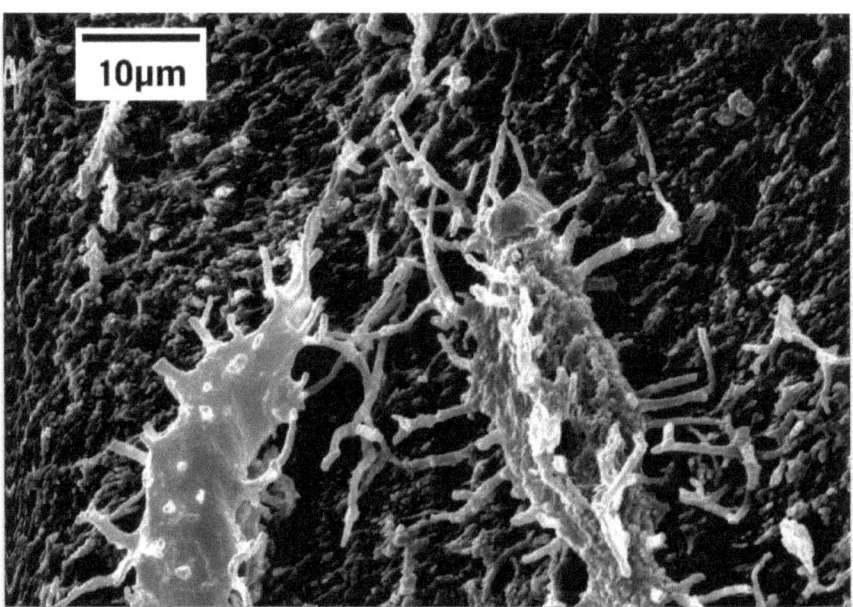

Osteocyten die zich bevinden op de elastische vezels van bloedvaten die werden geïsoleerd uit de hoorn van een Triceratops door deze in zuur op te lossen, getoond door een elektronenmicroscoop.

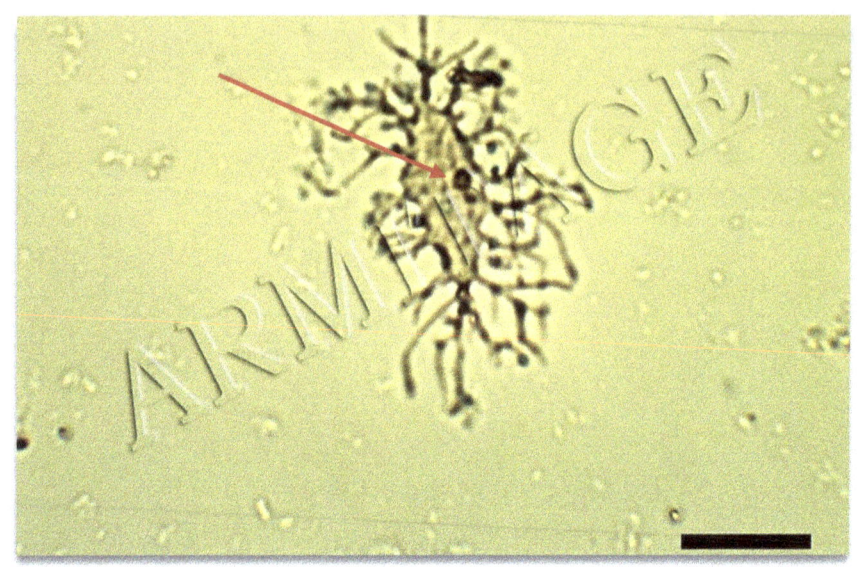

Op bovenstaande foto van een osteocyt van een Triceratops is duidelijk een celkern of nucleus te onderscheiden.

Reeds in 1997 werden restanten van hemoglobine teruggevonden in de beenderen van een *Tyrannosaurus rex*. [22] In 2005 werd door wetenschappers van de Universiteit van Noord Carolina origineel biologisch weefsel ontdekt in een bot van een *Tyrannosaurus rex*, met transparante en buigzame bloedvaten die rode bloedcellen bevatten. [23] [24] Het artikel in Smithsonian sprak van een "*Dinosaur Shocker*": "Dr. Mary Schweitzer stootte op verbazingwekkende tekenen van leven dat onze kijk op deze oeroude beesten radicaal zou kunnen veranderen." In 2009 verscheen in National Geographic een artikel over de vondst van de "oudste dinosauriërproteïnen, bloedvaten en meer" in een 80-miljoen jaar oud bot van een *Hadrosaurus*. [25] In 2011 werd collageen (een lijmvormend eiwit – onderdeel van bindweefsel)

---

[22] https://www.ncbi.nlm.nih.gov/pubmed/9177210/
[23] https://www.smithsonianmag.com/science-nature/dinosaur-shocker-115306469/
[24] https://news.nationalgeographic.com/news/2007/04/070412-dino-tissues.html
[25] https://news.nationalgeographic.com/news/2009/05/090501-oldest-dinosaur-proteins.html

teruggevonden in een 70-miljoen jaar oud fossiel van een *Mosasaurus*.[26] Eveneens in 2011 werd collageen geëxtraheerd uit een fossiel dijbeen van een *T-rex*:[27] In december 2018 ontdekte men restanten van een gladde huid en vetweefsel bij een Ichtyosaurus.[28] Er wordt voortdurend zacht weefsel ontdekt in botten van dinosauriërs. Het is echter onmogelijk dat intact, zacht (cel)weefsel zo'n gigantisch grote tijdsperiode van tientallen miljoenen jaren zou overleven. Mark Armitage maakte ook brandhout [29] van de bewering van bepaalde wetenschappers dat ijzermoleculen in staat zouden zijn om intacte cellen miljoenen jaren te 'fixeren', dat is verhinderen dat deze vergaan. IJzermoleculen hebben namelijk, in tegenstelling tot de bekende fixeermiddelen zoals formaldehyde, géén fixerende eigenschappen. Lijkhuizen gebruiken namelijk géén ijzer om lijken te bewaren en onderzoekers gebruiken géén ijzer om hun histologische preparaten te fixeren en te bewaren. Het is dus duidelijk dat de cellen in deze dinosauriërfossielen geen miljoenen jaren oud zijn. Deze bevindingen zijn opnieuw zeer problematisch voor de evolutionaire tijdschaal...

---

[26] http://journals.plos.org/plosone/article?id=10.1371/journal.pone.0019445
[27] https://journals.plos.org/plosone/article?id=10.1371/journal.pone.0020381#pone-0020381-g001
[28] https://www.sciencedaily.com/releases/2018/12/181205134118.htm
[29] https://youtu.be/fMqQmkoJXMY - **IRON 2A - Critics who defend "Iron Preservation" of dinosaur tissues.** Iron in biological tissues is highly destructive and preserves nothing.

Het is toch bewezen dat stenen en fossielen miljoenen jaren oud zijn?

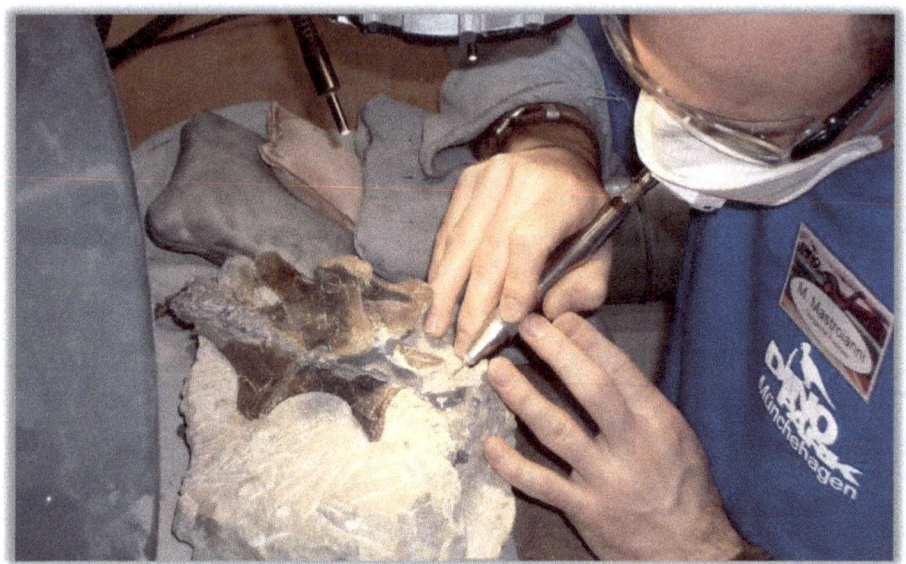

Helaas, we moeten je teleurstellen. Er werd eigenlijk helemaal niets bewezen. Ik zal het zo eenvoudig mogelijk proberen uit te leggen. Om de 'leeftijd' van een steen te bepalen (waarin een fossiel zit) gebruiken wetenschappers dateringstechnieken op basis van radioactieve isotopen van een element, en het dochterisotoop of het vervalelement (een ander element of een ander isotoop van hetzelfde element). Een radioactief isotoop van een element is een element met een onstabiele atoomkern, waardoor radioactief verval optreedt en een dochterisotoop ontstaat. Op basis van de verhouding van moeder- en dochter-isotoop en de berekende vervalsnelheid, wordt de leeftijd van iets berekend (niet gemeten!). Een voorbeeld: Kalium-40 dat vervalt naar Argon-40. Eerst en vooral moeten ze enkele veronderstellingen doen, of aannames. Meestal wordt de leeftijd van de steen gemeten waar het fossiel is ingebed, en niet het gebeente of het fossiel zelf. Dit gebeurt vooral bij oudere fossielen, waar er geen C-14 meer in aanwezig is. Dit zijn de aannames die ze maken:

AANNAMES BIJ RADIOMETRISCHE DATERING:

1. "We weten dat er op tijdstip nul, toen het dode organisme (plant of dier) werd begraven, of bij het afsterven van het organisme, géén dochterisotoop aanwezig was." Of: "We kennen de hoeveelheid dochterisotoop in de beginsituatie."

2. "We weten dat de vervalsnelheid steeds constant was, dat er dus géén gebeurtenissen zijn geweest waardoor de vervalsnelheid kon beïnvloed worden en vroeger sneller kon zijn gegaan."

3. "We weten dat het systeem altijd gesloten was: er is dus nooit iets ontsnapt of bijgekomen."

Het probleem is: **ze weten het niet!** En ze kunnen het nooit weten. Op basis van deze nooit te bewijzen veronderstellingen denken de mensen dat de wetenschappers staalharde beweringen maken. Waren ze er dan bij toen het organisme afstierf om de tijdsduur van fossilisatie te meten? Neen. Deze dateringen komen neer op dit: het gooien van een dart naar het verleden en op goed geluk een datum vastpinnen. In feite is geen enkel van hun zogenaamde dateringen betrouwbaar. Dit volgt ook uit het feit dat stukken gestolde lava van vulkanen, waarvan de leeftijd bekend is (men kent het jaar waarin de lava stolde), gedateerd werd op honderdduizenden, zoniet miljoenen jaren. Een vulkaan in Nieuw Zeeland is tussen 1949 en 1975 enkele keren uitgebarsten. Toen het nieuw gevormde gesteente werd gedateerd werden leeftijden tussen de 250.000 en 3,5 miljoen jaar gevonden. Gesteente dat is gevormd tijdens de uitbarsting van Mount St. Helens in Amerika werd gedateerd op 350.000 jaar, terwijl het gesteente op dat moment slechts 10 jaar oud was.

Basalt van een vulkaan in Hawaii die in 1800 uitbarstte werd gedateerd op ruim 1,8 miljoen jaar. En de lijst gaat verder. Bij de datering van deze rotsen werd gebruik gemaakt van de Kalium-Argon-methode. Het wordt verondersteld dat als gesteente smelt en weer stolt, er initieel geen Argon (Ar-40) meer in te vinden is (omdat Argon een gas is) en het aanwezige Kalium (K-40) vervalt langzaam naar Ar-40. Echter, deze veronderstelling blijkt fout, want recent gestold lava bevat wel degelijk meetbare hoeveelheden Ar-40. [30]

Hieronder zie je een foto afkomstig van een laboratorium in de Wetenschapsfaculteit van de Universiteit van Coronna, Spanje. De schelp (*Chlamys sp.*), die gevonden was in Granada, werd gedateerd in het Mioceen, dus zo'n 20 miljoen jaar oud. Merk op dat de schelp als twee druppels water lijkt op een recente wijde mantel *(Aequipecten opercularis)*. Alweer een 'levend fossiel'!

Ook bij C-14 datering zijn er dezelfde problemen. Dat is de techniek die aan de hand van het verval van radioactief C-14 (dat hoog in de atmosfeer wordt gemaakt door uv-straling) naar het stabiele N-14, de leeftijd van jonge fossielen wil aantonen. Men denkt de hoeveelheid C-14 (het percentage) te kunnen bepalen die lang geleden in de atmosfeer aanwezig was. Indien die hetzelfde was als vandaag, dan zijn hun berekeningen betrouwbaar, maar indien dat niet zo was, dan zijn

---

[30] https://www.icr.org/article/excess-argon-archilles-heel-potassium-argon-dating/

ze dat niet. En de uitvinder van de C-14-methode vond dat vandaag de verhouding C-14/C-12 in de atmosfeer nog steeds niet constant is. De verhouding zou na 30.000 jaar constant moeten zijn. Dat is heel problematisch, want dat betekent dat de verhouding vroeger anders

kon geweest zijn, waardoor de berekeningen voor oudere fossielen onbetrouwbaar wordt, én dat de aarde blijkbaar geen 30.000 jaar oud is! [31] Bovendien wordt er nog C-14 (dat maximaal 55.000 jaar zou overleven in fossielen) gevonden in fossielen van dinosauriërs en in steenkool (zogezegd meer dan 100 miljoen jaar oud). [32] Dus al die fossielen en gesteenten waarvan ze beweren dat ze miljoenen jaren oud zijn, zijn eigenlijk niet zo oud. Maar waarom houden die wetenschappers vol dat hun techniek wél betrouwbaar is en dat hun dateringen juist zijn? Omdat evolutie lange tijdsperioden of een 'oude aarde' nodig heeft om als theorie enigszins aanvaardbaar te klinken. Ook willen de wetenschappers zich blijven vastklampen aan evolutie om ons bestaan te verklaren én mogelijke bovennatuurlijke verklaringen bij voorbaat naar de prullenmand te verwijzen. Want dat zou nogal onwetenschappelijk zijn! En als alles zo oud niet is, dan moeten landschapskenmerken sneller kunnen ontstaan dan wat over het algemeen wordt aangenomen. En inderdaad, we kunnen dit onder andere zien in IJsland. In 1963 ontstond nabij IJsland namelijk een nieuw eiland: Surtsey-eiland. In 2007 berichtte New Scientist dat "geografen zich erover verbazen dat kloven, geulen en andere landschapskenmerken die normaal tienduizenden of miljoenen jaren nodig hebben om zich te vormen, hier werden gevormd in minder dan 10 jaar."

---

[31] C. Sewell, "C-14 and the Age of the Earth," 1999- http://www.rae.org/pdf/bits23.pdf.
[32] https://newgeology.us/presentation48.html

De officiële geoloog van IJsland, Sigurdur Thorarinsson (, 1912–1983), schreef: "Een IJslander die geologie en geomorfologie gestudeerd heeft aan buitenlandse universiteiten, stelt later door ervaring in zijn thuisland vast dat de tijdschaal die hij geleerd heeft om geologische ontwikkelingen aan te koppelen misleidend is wanneer vaststellingen worden gemaakt van de krachten – constructief en destructief – die het aanschijn van IJsland gekneed hebben en nog aan het kneden zijn. Wat elders duizenden jaren kan duren, kan hier in een eeuw gerealiseerd worden. En hij is tegelijk verbaasd wanneer hij naar Surtsey komt, want dezelfde ontwikkeling kan hier enkele weken of zelfs dagen in beslag nemen." Verder zei hij: "Er waren keienbanken en lagunes, indrukwekkende kliffen… Er waren holen, valleien en zacht golvende grond. Er waren kraken en steile rotshellingen, kanalen en puin-hellingen… "Hij sprak ook van reeds mooi geronde keien, afkomstig van de kliffen.

Het getuigenis van deze IJslandse geoloog toont dat de vorming van een landschap en het ontwikkelen van natuur op een pas gevormd eiland zeer snel kan gebeuren.

Hetzelfde geldt voor de omgeving van Mount St. Helens, de vulkaan in Alaska die in 1980 op gewelddadige wijze uitbarstte. Hieronder zie je een foto genomen in 2003, zo'n 23 jaar na de catastrofe, en je ziet al die door bergriviertjes uitgesneden canyons in het afgezette vulkanische gesteente. Die waren er nog niet na de uitbarsting en de bedekking van de omgeving door deze lagen; ze zijn er pas gekomen door erosie in de jaren daarna.

Deze canyons, en dus dit landschap werd gevormd op een luttele tientallen jaren. Maar vergelijk deze canyons nu eens met bijvoorbeeld de Grand Canyon, waar het water van de Coloradorivier zogezegd miljoenen jaren nodig had om deze canyon uit te slijten tot z'n huidige vorm:

Begint het er dan niet op te lijken dat de Grand Canyon wellicht veel jonger is dan die geleerde wetenschappers ons willen doen geloven? Zeker als we bedenken dat het gesteente van de Grand Canyon (en aanverwante canyons) vroeger zachter zal geweest zijn, vlak na de afzetting, net zoals bij de Mount. St. Helens.   En dan heb ik het nog niet eens gehad over de problemen met de geologische lagen. Een mooi voorbeeld kunnen we zien aan de Opaalkust in Noord-Frankrijk.

Er is namelijk een probleem bij de kliffen tussen Sangatte en Cap-Blanc-Nez. De situatie ziet er zo uit:

Donkerdere materie:
Pleistocene klei/leem met kalk ("1 miljoen jaar oud")

Blekere materie:
Kalk/krijt uit het Krijt ("90 miljoen jaar oud")

Een perfecte overgang, het loopt gewoon door! Links zou Pleistoceen zijn, rechts begint het Krijt, dit materiaal zou zogezegd met een tijdspanne van 90 miljoen jaar verschil zijn afgezet en toch: dat loopt gewoon over in elkaar! Bovendien is er in het bruine "Pleistocene" materiaal steevast krijt aanwezig. Het materiaal is dus duidelijk vermengd en dus 'verwant' aan elkaar. De dateringen van deze geologische lagen zijn overigens afkomstig van een officieel Frans geologisch onderzoeksbureau.[33] En zo heb je bij andere formaties veel 'jongere' lagen onder veel 'oudere lagen', en vaak in gebergtegebieden, omdat men daar door erosie de lagen beter kan bestuderen. Verder heb je rechtopstaande fossiele bomen. Rechtopstaande fossiele bomen wijzen echter op de afzetting van een dik pak sediment in een zeer korte tijdspanne (en dus een catastrofe). Bij langzame sedimentatie zou de boom namelijk allang vergaan zijn voordat het sediment de kans kreeg de hele boomstam in te kapselen en te bewaren.

Boven: rechtopstaande fossiele bomen in het gesteente langs de kust van Kilrenny, Groot-Brittannië. Onder: een rechtopstaande boom in de Joggins-formatie van Nova Scotia (Canada).

---

[33] http://wikhydro.developpement-durable.gouv.fr/images/c/c9/Cap_blanc_nez_geol.bmp

DNA veel ingewikkelder dan een computerprogramma

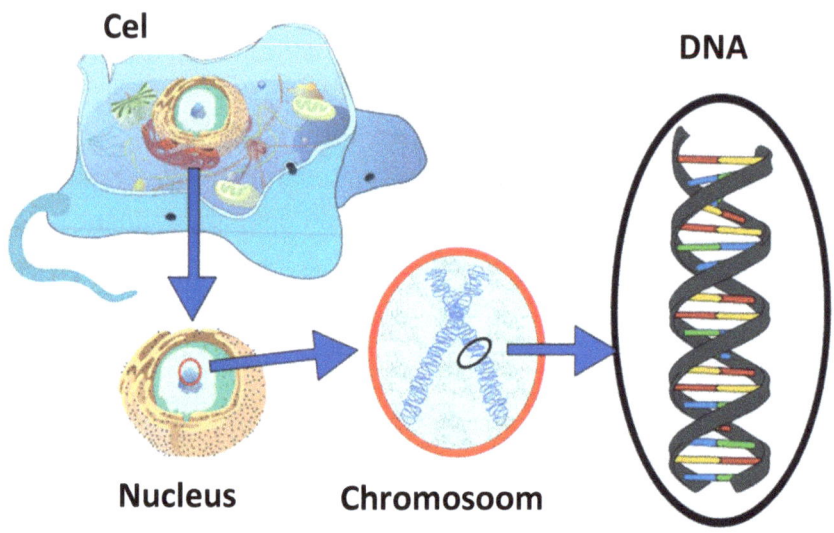

De huidige 'moderne' evolutietheorie verklaart dat het leven zich vanzelf heeft gevormd, zo'n 3 miljard jaar geleden, in een soort 'oerplas' waarin basiselementen aanwezig zouden zijn geweest. Laten we nu eens kijken of dat wel kan.

DNA is een hele lange en een hele complexe molecule die de basis is van alle leven, want ze draagt heel belangrijke informatie. Ze bestaat uit twee strengen (een streng en een complementaire streng) van "letters" (nucleotiden) die "woorden" of codons vormen. Deze "woorden" of codons vormen "zinnen" of genen en de genen vormen het DNA, dat is het "boek". En dit boek bevat alle informatie die nodig is om een bepaald levend wezen te vormen: het vormt een soort grondplan. De meest eenvoudige levensvormen, bacteriën, hebben reeds meer dan twee miljoen "letters" of 600.000 (zeshonderd-duizend!) "woorden". Nu wil ik je deze vraag stellen: kan een boek zichzelf schrijven? Kun je, als je op je toetsenbord met je ogen dicht willekeurig tokkelt een zinvol boek schrijven? Kan het DNA zich zomaar vanzelf vormen? Een eenvoudige berekening. Stel: alles is aanwezig in de oerplas. De kans dat een juiste letter op de juiste plaats komt is ¼, want er zijn vier soorten letters. De kans dat er twee correct na elkaar binden is ¼ x ¼ = 1/16. De kans dat een juist codon of "woord" wordt gevormd is ¼ x ¼ x ¼ = $1/(4 \times 4 \times 4) = 1/(4^3) = 1/64$. De kans dat 10 "woorden" worden gevormd is $1/(64^{10})$ = 0.000000000000000867361 %. De kans dat DNA van 600.000 "woorden" wordt gevormd in de correcte volgorde is $1/(64^{600.000})$, en dat is een zodanig klein getal dat je rekenmachine "ERROR" zal weergeven. De kans is zo goed als nul. Men heeft daar een wetenschappelijke notatie voor: ongeveer gelijk aan nul:

$$1/(64^{600.000}) \approx 0$$

Men heeft dit dan ook nog altijd niet kunnen nadoen in een laboratorium. Uiteraard heb je voor een levende cel meer nodig dan DNA. Er zijn ook eiwitten nodig om dat DNA te kunnen lezen, er zijn fosfolipiden nodig, een soort vetten, om een celmembraan te maken (het omhulsel van de cel). Deze vetten zweven niet zomaar rond in het water, maar worden in de cel zelf gemaakt door een organel. De naam zegt het zelf: een soort orgaan binnen de cel. Een cel, zowel van een prokaryoot (bacterie) als een eukaryoot (hogere levensvormen) heeft er verschillende. Een cel is een heel complex en een heel bijzonder iets! Je kunt het vergelijken met een lichaam: het heeft een huid (celmembraan), organen (organellen), bloed (cytoplasma) en een skelet (cytoskelet). Bovendien zijn er heel veel verschillende soorten cellen. Denk maar eens welke soorten cellen jij allemaal hebt:

bloedcellen, zenuwcellen, huidcellen, beenvormende cellen, spiercellen,...

Om over evolutie te spreken van bacterie tot mens, moet er enorm veel informatie worden toegevoegd aan het DNA. Dit zou gebeuren door toevallige "willekeurige" mutaties. Maar in de lessen genetica leerden wij dat mutaties steeds neutraal (er verandert niets) ofwel schadelijk (er treedt een defect op) zijn voor het organisme. Voorbeelden van gevolgen van mutaties bij mensen zijn syndromen (genetische ziektebeelden). Dat is geen evolutie. Bij voortplanting wordt het DNA van beide ouders opnieuw geschikt, zodat kenmerken van beide ouders gecombineerd worden. Dit leidt tot variatie binnen de soort, maar niet tot een nieuwe soort. Bestaande genetische informatie wordt als het ware, een beetje zoals een pak speelkaarten, 'geschud'. Zo kunnen ook bepaalde genen aan- of uitgeschakeld worden. Maar opnieuw: dit is geen evolutie.

Het DNA bevat de informatie over hoe een dier of een plant er zal uitzien. Vele bloemen, planten en dieren hebben een schoonheid die geen echt nut heeft en die wetenschappers niet kunnen verklaren. Neem nu de vele kleurenvariaties in tweekleppige schelpdieren die geen ogen hebben. Wat is het nut? Of een passiebloem bijvoorbeeld hoeft zo mooi niet te zijn om insecten aan te trekken. Veel eenvoudiger kan ook. Bepaalde bloemen zijn zo mooi gevormd en gekleurd, terwijl de insecten die ze moeten bestuiven die kleuren helemaal niet kunnen zien. Bepaalde vogels zijn gewoon prachtig door hun vormen en kleuren, terwijl dit vaak niet steeds een doel heeft. Idem voor prachtig gekleurde en gevormde slakkenhuisjes. En waarom zijn paddenstoelen zo mooi gekleurd? Bill Gates zei ooit dat DNA zoals een computerprogramma is, maar dan veel, veel meer ingewikkeld dan gelijk welke software die ooit door een mens werd gemaakt... Software kan uiteraard onmogelijk zichzelf maken! Kijk toch eens naar die natuurpracht op de volgende bladzijde... Hoe komt het toch dat wij ons daaraan kunnen vergapen?

Hier zie je enkele prachtige schelpen en een hele mooie oude Griekse vaas. Die vaas werd duidelijk door iemand vervaardigd, er is daar over nagedacht geweest, daar zit intelligentie achter. Voor die vaas was een blauwdruk nodig, een idee in de gedachten van de kunstenaar, en vervolgens een ontwerptekening. Maar die schelpen, die nog véél mooier zijn, zouden zomaar vanzelf 'per toeval' ontstaan zijn? Ik wil hier graag bij opmerken dat vanzelf groeien (wat alle leven doet) géén synoniem is voor 'vanzelf ontstaan.' DNA voorziet de informatie voor de groei, en in dit geval voor de vorm en de kleur van de schelp. Maar zoals we net zagen, kan DNA zichzelf niet vormen.

En wat dan met de tekening van de embryo's van Haeckel die in de schoolboeken wordt getoond? Is dat geen bewijs dat wij van de vissen zouden afstammen?

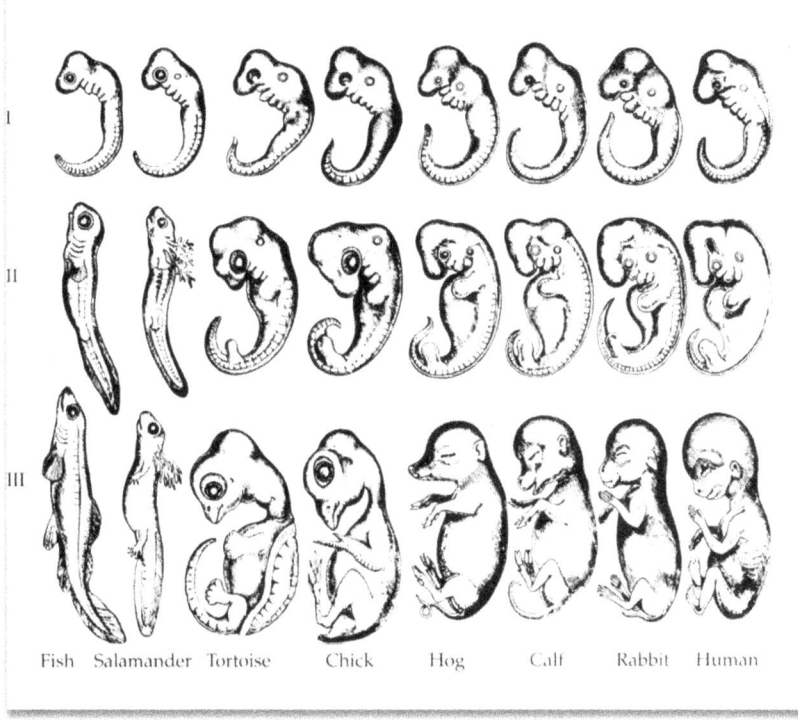

Neen. Deze tekeningen bleken vals te zijn. Eerst en vooral klopt de verhouding in afmetingen van de embryo's niet, en dat al in het eerste stadium. Maar nog belangrijker: in 1997 werd door embryoloog (en evolutionist) Richardson een studie gedaan naar de werkelijke vorm van de embryo's welke Haeckel toont in zijn tekening. [34] Richardson en zijn team fotografeerden de embryo's van verschillende organismen in de stadia zoals de embryo's van Haeckel. Zijn resultaten waren opvallend.

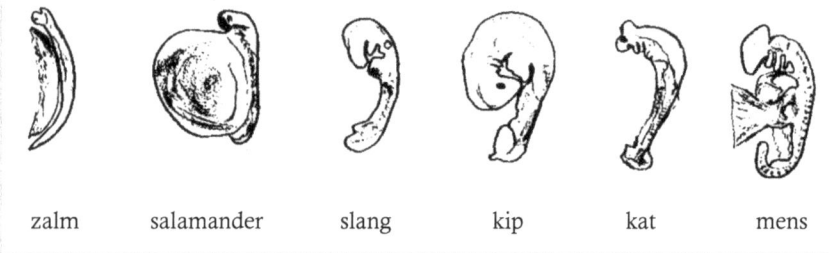

zalm   salamander   slang   kip   kat   mens

Eigen figuur van enkele embryo's in het eerste stadium, op basis van de foto's van Richardson (embryo's niet op gelijke schaal).

Richardson schreef: *Ons onderzoek ondermijnt serieus de geloofwaardigheid van Haeckels tekeningen, die geen geconserveerd stadium tonen voor gewervelden, maar een gestileerd embryo van een viervoetige. [...] Sedgwick (1984) en Richardson (1995) hebben beiden beweerd dat Haeckels tekeningen onnauwkeurig zijn, en nu hebben we overtuigend bewijs dat dit inderdaad het geval is. [...] Verder slaagt hij er niet in om wetenschappelijke namen, stadia of bronnen voor de weergegeven specimens te geven. Deze onnauwkeurigheden en weglatingen ondermijnen ernstig zijn geloofwaardigheid.*

---

[34] Michael K. Richardson et al., "There is no highly conserved embryo-nic stage in the vertebrates: implications for current theories of evolution and development," Anatomy and Embryology, Vol. 196:91-106 (1997).

Maar als evolutie niet waar is...

Dan is er maar één alternatief. Dat kwam ik, de auteur van dit boek, ook op een heel bijzondere manier te weten. Eerst zal ik je even wat meer over mijzelf vertellen.

Ik ben al heel mijn leven gefascineerd geweest door de biologie. En van kindsbeen af verzamelde ik schelpjes en botjes enzovoort. Het werd een echte hobby. Toen ik naar de universiteit ging om biologie te studeren, had ik een grote verzameling schedels, skeletten, fossielen, schelpen en zelfs dieren op sterk water. In het begin hingen en stonden die dingen in mijn slaapkamer, maar later verhuisde de verzameling naar de zolder. Hiernaast zie je een zelf geprepareerde schedel van een edelhert, dat boven mijn bureau hing.

Nu, ik ben thuis christelijk opgevoed geweest, maar gaandeweg werd ik lauw en onverschillig. Mijn hobby was voor mij belangrijker, het stond op de eerste plaats! Ik leefde voor mijn skelettenverzameling, én voor de biologie! Toen ik aan de universiteit begon, maakte ik kennis met het keiharde atheïsme. Ikzelf werd nooit een atheïst, maar ik had wel atheïstische vrienden, en uiteraard professoren. De professor celbiologie zei bijvoorbeeld in zijn eerste les: "Hier zul je zien waarom God niet bestaat!". En dat er evolutie was geweest gedurende miljoenen jaren, en dat wij afstammen van een aap, dat stond buiten kijf! Ik was daar dan ook van overtuigd. Ik was eigenlijk vrij geëngageerd in het biologie-wereldje. Zo was ik in de jaren dat ik aan de unief studeerde (van 2009 tot 2012) lid van de Belgische strandwerkgroep, een vereniging voor zeebiologie; was ik een tijdlang vrijwilliger in het Dierkundemuseum van de universiteit; was ik betrokken bij websites, zoals Waarnemingen.be van Natuurpunt, enzovoort.

Ik had ambitie om een echte bioloog te worden, en liefst van al een zeebioloog. Ik had ook een grote fascinatie voor de zeezoogdieren, in het bijzonder de walvissen. Zo was ik er ook als de kippen bij om naar de potvis te gaan kijken die in januari 2012 was aangespoeld in Heist. Maar het liep niet zoals ik het wilde. Begin 2011 had ik een eerste bijzondere ervaring in de vorm van een droom: de Wederkomst van Jezus Christus vond plaats en ik moest voor God verschijnen voor het oordeel, en ik vond mezelf onvoorbereid. Ik riep: 'Nee, nee, ik ben hier niet klaar voor!' En toen schrok ik wakker. Ik realiseerde me dat

God me bij de kraag had gegrepen, want ik was inderdaad van de weg afgeraakt. Ik moest weer leren bidden. Daarna begon ik tijdens mijn rozenkransgebed te bidden en te smeken om de Heilige Geest. En ja, mijn gebed werd verhoord, en ik werd door Hem aangeraakt, of eerder: overspoeld, helemaal in het begin van 2012. Het was een ervaring die ik nooit zal vergeten. Ik sliep en ik droomde dat ik God smeekte om zijn Heilige Geest aan mij te schenken. Toen was het alsof God mij aanraakte, en ik werd zo overweldigd door Zijn liefde dat ik wakker werd met een gelukzalig hemels gevoel, mijn lichaam tintelde en het voelde alsof ik in de hemel was. Onder tranen dankte ik God, meer dan een uur lang.

En wat daarna gebeurde, was nog merkwaardiger. Ik had dus die grote verzameling schelpen, skeletten en fossielen, en na die dag was ik plots niet meer gehecht aan die dingen. Voorheen leefde ik voor mijn collectie, en nu kwam in mij een verlangen om het allemaal weg te doen, wat ik ook heb gedaan. Maar ik zat nog altijd aan de universiteit, en ik studeerde verder biologie. Ik wilde toch nog mijn diploma halen. Ik zat toen in het 3de bachelorjaar en ik was reeds bezig met mijn bachelorproef, een eindwerk voor de bacheloropleiding. Maar door mijn groeiend geloof begon ik moeite te krijgen met het vak 'Evolutie', omdat het mij almaar minder interesseerde. De hele opleiding begon mij wat tegen te zitten, hoewel ik goed bezig was en geen vakken van vorige jaren moest meenemen. Evolutie (een vak in het Engels) was ook een redelijk moeilijk vak, dat moesten mijn vrienden zelfs toegeven. De hele cursus was een aaneenschakeling van hypothesen, verklaringen en uitleggingen, formules, diagrammen en grafieken. De examenvragen waren dan ook, net zoals de cursus zelf, steeds vaag en vrij ingewikkeld. Zelfs mijn vrienden, die anders vlot door de andere vakken geraakten, vonden dit examen heel zwaar.

Hier een email die ik heb bewaard: (namen zijn pseudoniemen):

Van: Michaël
Aan: Anton, Staf, Maarten
Verzonden: Woensdag 30 mei 12:37
Onderwerp: Ramp

Jow,

En hoe was het eerste examen? Van mij was dat 'Evolution' en dat kon beter. 'K heb zelfs geen idee of ik er door ben of niet. De oefening van B. was nog çava, denk daar wel veel juist te hebben. Op de vraag van S. (over de soorten mimicry) kon ik ook vrij goed antwoorden (maar was het wel volledig?) alsook op de vraag van F. (over lagere groeiratio r bij toch hoge fitness, hoe te verklaren : voorbeeld met bruine jan-van-gent... etc). De vraag van De C. zal wel gene vetten geweest zijn. 'T ging over fylogenie en of men verschillende bomen kon opstellen van 2 genen en hoe men de juiste boom kiest etc... 'K heb daar vanalles verteld en simplistisch voorbeeld gegeven, maar hij trok wat gezichten en zei paar keer OK, ja. hmm... verder niks. Juist nog wat extra redenen? En dan zei hij: je mag het blad afgeven aan Prof L. Pfft amai... slechtste prof in jaren zeg ik daartegen! Geen idee of het nu juist of totaal verkeerd was, hetgeen ik zei...
Bij L. ging het +-, 'k had daar wel juiste dingen gezegd ('t ging over gene flow en gen. drift); maar op de formule kon ik niet direct komen, maar mits wat tips heb ik toch nog wat zaken uit de brand gesleept, maar 't was toch dat niet... Misschien krijg ik een 9, misschien een 10? We zien wel...

Grtz
Michaël

Maarten antwoordde de volgende dag: "Ik volg Michaël en Anton qua evolutie... Wat was me dat??? Ik wist niks, die vragen waren zo vaag, ik had echt geen idee op wat ze doelden.. Heb dan wel op alles iets geantwoord." En hij besloot: "Als mijn zever bij vragen 3, 4 en 5 goed is ben ik er door en anders niet." Ja, zo schreef hij dat in zijn e-mail! Zij vonden dat examen dus ook moeilijk en de vragen zeer vaag, en het was niet omdat het hen niet interesseerde, want zij waren wel nog altijd 100% overtuigd van de evolutietheorie. Ik geraakte er telkens net niet door, zowel op het eerste examen als op het herexamen. Toen besloot ik om een soort sabbatjaar te nemen en enkel Evolutie en twee andere vakken waar ik ook niet door was geraakt (Algologie, waar er ook hoofdzakelijk over evolutie werd gepraat, en Biostatistiek) mee te nemen en te herdoen.

Maar toen gebeurde er iets. In het najaar van 2012 droomde ik, toen ik na de herexamens besloot om mijn studies nog verder te zetten, tot tweemaal toe dat ik nooit zou slagen voor Evolutie. Ik droomde dat ik examen 'Evolutie' had en ik bakte er niks van, ik kon amper iets invullen en ik was dus alweer gebuisd voor dat vak. Dan stond ik plots bij een priester die ik kende. Hij had een Bijbel in de hand en hij zei: "God heeft de wereld geschapen, Hij heeft de mens en de dieren geschapen. Alles staat in de Bijbel, wat moet een mens nog meer weten?" En dan werd ik wakker. Ik was daarvan geschrokken. Dan korte tijd daarna droomde ik weer dat ik examen 'Evolutie' had. Weer lukte het niet, ik probeerde nog de vragen in te vullen, maar het ging amper. Dan moest ik naar voor gaan, voor het mondeling examen. Er lag daar een hoop boeken waarvan ik er één moest uitkiezen om dan bij de professor te verwerpen. Het waren boeken over God. Toen werd ik wakker. Dat heeft voor mij uiteindelijk de doorslag gegeven om ermee te stoppen. Dat was dus ook meteen het antwoord: het is gewoon schepping – evolutie is een leugen.

Alle antwoorden op de problemen die we zijn tegengekomen in dit boek, kunnen we vinden in... jawel, zoals ik in die droom te weten kwam: de Bijbel. De wereld en alle leven erop is het werk van een Schepper. Laten we beginnen bij het begin.

Schepping

In het eerste boek van de Bijbel, in Genesis, lezen we dat God het universum en de wereld schiep in zes dagen of tijdsperioden. De zesde dag schiep hij de eerste mens Adam, en uit Adam schiep hij Eva, die zijn vrouw werd. Hij plaatste hen in de Tuin van Eden. De wereld was toen volmaakt, in een paradijselijke staat, zonder kwaad, pijn en lijden, ziekte en dood. Anna Katharina Emmerick, een Duitse mystica uit de 19de eeuw, heeft in een visioen de schepping zien gebeuren, en over die volmaakte wereld zei ze:

Alle planten, bloemen en bomen hadden een ander voorkomen: nu ziet alles er daartegenover woest en kreupel uit, nu is alles als het ware vervallen. [...] Ik dacht nog, wat is alles toch schoon, nu er nog geen mensen zijn! Er is geen zonde, geen verstoring, geen verkreuking geweest. Hier is alles heil en heilig. [...] Tussen de gewassen bemerkte ik eerst beweging en levende dieren; daarom zag ik de dieren hier en daar tussen de bosjes en de struiken, als uit de slaap opstaan en uitkijken. Zij waren niet schuw en gans anders dan nu; zij waren tegenover de tegenwoordige dieren bijna als mensen; zij waren rein, edel, snel, vrolijk en zacht. Het is niet te vertolken hoe ze waren. De meeste dieren waren vreemd voor mij. Ik zag schier geen zoals nu. Ik zag geen apen, geen insecten of andere hatelijke dieren; ik dacht steeds: die zijn een straf voor de zonde. Ik zag veel vogels en hoorde het lieflijkste gezang, zoals 's morgens, maar ik hoorde geen dieren brullen en zag geen roofvogels

En de mensen waren naakt en schaamden zich niet voor elkaar. Ze waren als engelen. Maar ze moesten een proeftijd ondergaan, en er was een boom waar ze de vruchten niet mochten van eten. Door een daad van ongehoorzaamheid en verleid door de duivel aten ze toch van die boom, waardoor dat gebod werd overtreden en de eerste zonde werd gepleegd. Adam en Eva kwamen via de verboden vrucht dingen te weten die ze niet moesten weten, waardoor lustgevoel, schaamte, zonde en de dood intrad. Na de zondeval werden zij uit de Tuin van Eden verdreven en kwamen ze op de boete-aarde aan, de paradijselijke aarde die vervloekt werd, die als het ware een transformatie onderging, en welke de aarde is die wij nu kennen. De natuur die eens in harmonie met de mens was, bedreigde de mens nu via ziekten, gevaarlijke roofdieren, giftige en stekende planten, bijtende insecten en de wilde natuurelementen. En door de schaamte moest de mens zich nu bedekken met kledij. Maar God beloofde aan Adam en Eva dat uit hun nageslacht een Verlosser zou geboren worden, die de band met God zou herstellen en de hemel opnieuw zou openen voor de mensen. Het is ook na de zondeval, toen Adam en Eva zich begonnen voort te planten, dat de verwildering van de mens intrad. Het begon bij Kaïn, die zijn broer Abel doodsloeg. Kaïn werd door God verbannen en Kaïns nakomelingen werden steeds goddelozer. De mens verwilderde, de duivelen namen mensenvrouwen in hun bezit en het menselijk ras ontaardde zodanig dat God besloot ze geheel uit te roeien, behalve Noach en zijn familie. De verwildering van de mens is volgens mij ook een verklaring voor de zogenaamde 'primitief uitziende' mensenschedels die worden gevonden – onze zogenaamde 'voorouders'.

Een wereldwijde catastrofe

Hét antwoord op de vele problemen met betrekking tot de fossielen, geologische lagen en de wetenschappelijke datering is uiteindelijk de zondvloed. Lezen we eerst in de Bijbel: (Gen. 6,1-22):

Toen Jahwe zag hoezeer op de aarde de boosheid van de mensen was toegenomen en hoezeer de begeerte van hun hart de hele dag naar het kwade uitging, kreeg Hij spijt dat Hij de mens op de aarde gemaakt had, en Hij was er zeer verdrietig om. En Jahwe zei: 'Ik ga de mens, die Ik geschapen heb, van de aardbodem wegvagen, zowel de mens als het vee en de kruipende dieren en de vogels in de lucht, want het spijt Mij dat Ik ze gemaakt heb.' Alleen Noach vond genade in de

ogen van Jahwe. Dit is de geschiedenis van Noach. Noach was een rechtschapen man; hij bleef te midden van zijn tijdgenoten een onberispelijk leven leiden en hij richtte zijn schreden naar God. Noach verwekte drie zonen: Sem, Cham en Jafet. De aarde was voor de ogen van God verdorven en vol gewelddaden. En God zag hoe bedorven de aarde was, want alle mensen op de aarde gingen verkeerde wegen. God zei tot Noach: `De dagen van de mensen zijn geteld, want zij zijn er de schuld van dat de aarde vol gewelddaden is. Ik ga hen met de aarde vernietigen. Gij moet een ark van pijnhout bouwen; met riet moet gij de ark maken, en ze van binnen en van buiten met pek bestrijken. Als volgt moet gij ze maken: de ark moet driehonderd el lang zijn, vijftig el breed en dertig el hoog. Het dak dat gij op de ark aanbrengt moet een el naar buiten uitsteken. In een van de zijden moet gij een deur aanbrengen; ook moet gij een onderste, een tweede en een derde ruim maken. Want Ik sta op het punt een watervloed over de aarde te brengen, die alle levende wezens onder de hemel zal verdelgen; alles wat zich op de aarde bevindt, zal omkomen. Met u echter zal ik een verbond aangaan; gij moet u inschepen in de ark, met uw zonen, met uw vrouw en met de vrouwen van uw zonen. Van alle levende wezens moet gij verder een paar in de ark brengen, om ze met u samen in leven te doen blijven; een mannelijk en een vrouwelijk dier moet het zijn. Van de verschillende soorten vee, van de verschillende soorten dieren die over de grond kruipen, moet een paar met u meegaan en aldus in leven blijven. Breng verder allerlei etenswaar bijeen en leg daar een voorraad van aan, zodat gijzelf en de dieren te eten hebt.' Noach deed dit; alles wat God hem geboden had, voerde hij uit.

Het is opmerkelijk te noemen dat alle volkeren en godsdiensten een zondvloedverhaal hebben, sterk gelijkend op dat van de Bijbel. Als we allemaal afstammen van de mensen die op de ark aanwezig waren, dan is dat uiteraard niet verwonderlijk.

Meer bijzonderheden over de ark:

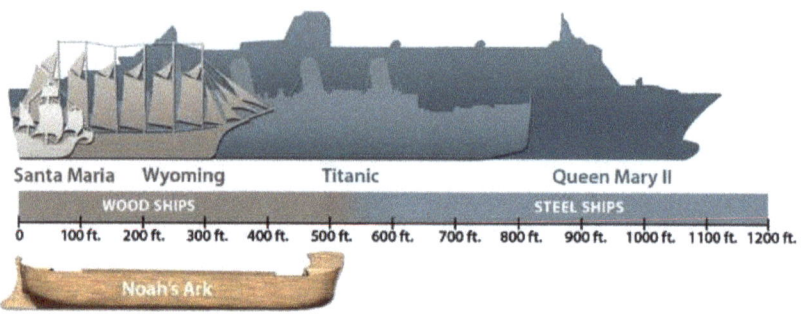

- ✓ Het schip was 300 el of 157 meter lang (515 voet); 1 el = 52,3 cm, wat overeenkomt met de Egyptische el uit de oudheid.
- ✓ Het schip was bijgevolg 26,2 meter breed (50 el) en 15,7 meter hoog (30 el).
- ✓ Het schip was verdeeld in drie verdiepingen, stel een verdieping van 3 meter, 7 meter en 5 meter hoog. In één verdieping konden vele tussenverdiepingen (evt. met kooien) aangebracht worden. Totale inhoud: ca 64.000 m³.
- ✓ Oppervlakte van de drie dekken samen: ruim 1,2 ha (tussenverdiepingen niet meegerekend).

De ark kwam volgens de Bijbel ergens in de bergen van Ararat te liggen (het huidige oostelijk klein-Azië):

"Op de zeventiende dag van de zevende maand kwam de ark op de bergen van Ararat te liggen" (Gen. 8,4).

Amateurarcheoloog Ron Wyatt heeft in de bergen van Ararat iets gevonden wat op een structuur van een schip lijkt en dat de exacte afmetingen heeft van de Bijbelse ark, alsook allerlei bijbehorende artefacten. Ik wil het oordeel hier echter aan de lezer overlaten.[35] Nu, als de zondvloed waar is en de ark echt heeft bestaan, dan rest er ons één vraag: hoe konden alle diersoorten in die ark?

---

[35] Zie Appendix I: De vondst van de Ark van Noach door Ron Wyatt.

Micro-evolutie en de Bijbelse 'soort'

We hebben het er in dit boek al enkele malen over gehad, en het is het antwoord op de vraag hoe alle diersoorten in de ark konden: micro-evolutie. Bij gedomesticeerde diersoorten bestaat er namelijk een hele reeks aan vormen en rassen.

- **Rund (*Bos primigenius taurus*):** Meer dan 700 rassen: de Schotse hooglander, de Belgische Witblauw (een vleeskoe), de Holstein-Frisian (een Amerikaans melkkoe-ras),... Het rund is tegenwoordig erkend als een ondersoort van het (uitgestorven) oerrund (*Bos primigenius*)

- **Hond (*Canis lupus familiaris*):** Meer dan 490 rassen: de Teckel, de Poedel, de Chihuahua, de Deense dog, de Sint-Bernard, de Dobbermann, de Dwergpincher,... De hond is erkend als ondersoort van de wolf (*Canis lupus*).

- **Kip *(Gallus gallus domesticus)*:** Meer dan 400 rassen: Legkippen, vleeskippen, sierkippen,... De kip wordt beschouwd als een ondersoort van de rode kamhoen (*Gallus gallus*).
- **Paard (*Equus ferus caballus*):** Meer dan 150 rassen: van het Belgisch trekpaard tot de Shetlandpony. Het kleinste paard ooit is het dwergminiatuurpaard met een hoogte van 48 cm. [36] Het paard is een ondersoort van het wilde paard (*Equus ferus*).

- **Konijn (*Oryctolagus cuniculus*):** Meer dan 300 rassen: van de Vlaamse reus tot het dwergkonijn. Het tamme konijn wordt door de wetenschap gewoon als een variant gezien van het Europese konijn (*Oryctolagus cuniculus*).

Indien nu bij deze soorten zo'n variatie kan optreden, dan moet dat ook kunnen bij wilde diersoorten. Het is dan ook heel aannemelijk dat goed op elkaar lijkende soorten van een bepaald geslacht, die sowieso nauw aan elkaar verwant zijn, eigenlijk ondersoorten of rassen

---

[36] http://www.allerecords.nl/kleinste-paard-ter-wereld/

zijn van één soort. Dieren van een bepaald geslacht zijn vaak nog kruisbaar, wat wil zeggen dat hun 'soortvorming' nog niet zo heel lang geleden moet hebben plaatsgehad. Hier enkele voorbeelden van bekende kruisingen uit de dierenwereld: [37]

Oudersoorten	Naam van de kruising
kameel (*Camelus dromedarius*) x lama (*Lama glama*)	'cama'
leeuw (*Panthera leo*) x tijger (*Panthera tigris*)	'lijger' of 'tigon'
paard (*Equus ferus caballus*) x ezel (*Equus africanus asinus*)	muilezel of muildier
wolf (*Canis lupus*) x hond (*Canis lupus familiaris*)	wolfshond
zebra (*Equus quagga*) x paard (*Equus ferus caballus*)	'zorse'
zebra (*Equus quagga*) x ezel *(E. africanus asinus)*	'zesel'
schaap (*Ovies aries*) x geit (*Capra aegagrus hircus*)	'gaap'
jaguar (*Panthera onca*) x leeuw (*P. leo*)	'jagleeuw'
bruine beer (*Ursus arctos*) x ijsbeer (*Ursus maritimus*):	'grolar beer'
coyote (*Canis latrans*) x wolf (*Canis lupus*)	'coywolf'
serval (*Leptailurus serval*) x huiskat (*Felis silvestris catus*)	'Savanna-kat'
bizon (*Bison bison*) x rund (*Bos primigenius taurus*)	'beefalo'
narwal (*Monodon monoceros*) x beloega (*Delphinapterus leucas*)	'narluga'

---

[37]   https://www.boredpanda.com/strange-hybrid-animals-that-are-hard-to-believe-actually-exist/

En ga zo maar verder... Sommige kruisingen of hybriden zijn vruchtbaar en in staat om zich voort te planten, maar anderen dan weer niet. Van de ijsbeer en de grizzlybeer zijn in het wild hybriden gevonden die in staat waren zich voort te planten.³⁸ Dit is uiteraard geen bewijs voor 'macro-evolutie': dat er bijvoorbeeld uit een landzoogdier een walvisachtige zou ontstaan, of dat alle leven afstamt van één "oerbacterie".

Een 'zebroïde': hier een kruising tussen een ezel en een zebra.

Waar we hier mee te maken hebben is het volgende: er was ergens ver in de tijd terug een moedersoort (die door God geschapen werd) welke aanleiding gegeven heeft tot differentiatie en het ontstaan van ondersoorten of rassen. Er is dus wel een zekere vorm van evolutie, maar opnieuw micro-evolutie: de evolutie grenst binnen de perken van die 'soort' en gaat daar niet buiten. Vandaar dat men bij de teelt van gedomesticeerde dieren nog niet in staat was om bijvoorbeeld een soort beer of kat uit een hond te doen ontstaan, ondanks dat er in de duizenden jaren dat er honden gefokt worden al honderden hondenrassen zijn ontstaan. Heden staat de teller op 493. ³⁹

---

³⁸ https://www.scientias.nl/kruising-tussen-ijsbeer-en-grizzlybeer-gevonden/
³⁹ http://infomory.com/numbers/number-of-dog-breeds-in-the-world/

Bij de mens is er juist hetzelfde verhaal: er zijn vele rassen en kleuren, maar iedereen stamt af van één voorouderlijk mensenpaar, namelijk Adam en Eva. Dit is zelfs genetisch aangetoond. [40]

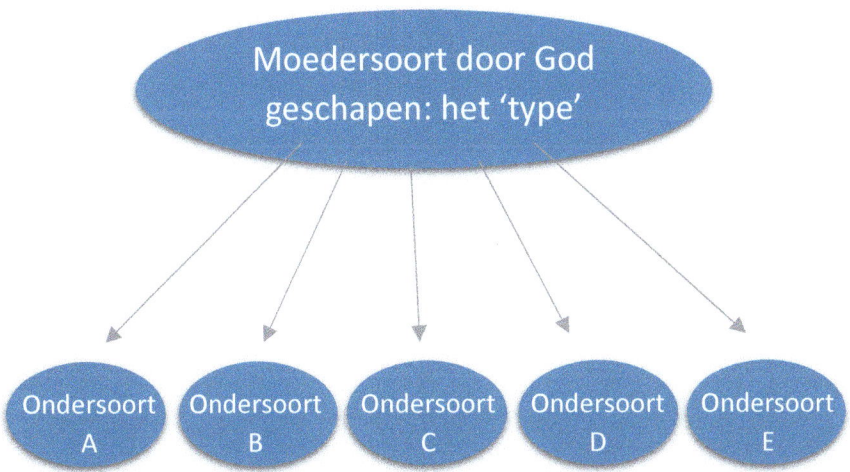

Om terug te komen op de dieren die in de ark moesten: dit zullen in veel gevallen hoogstwaarschijnlijk 'moedersoorten' geweest zijn van een bepaald geslacht: de Bijbelse 'soort' of type. Dit reduceert het aantal dieren dat in de ark moest aanwezig zijn. [41]

Er zijn zo'n 1258 zoogdiergenera en zo'n 2197 vogelgenera. Classificatie is geen exacte wetenschap en veel onderzoekers zijn het oneens over welke soort waar moet worden geplaatst. Er is in de afgelopen decennia al veel gerammeld met en gesleuteld aan de wetenschappelijke nomenclatuur van heel wat diersoorten. Men vergeet ook dat Linnaeus, de grondlegger van de classificatie van soorten in groepen, dit deed met het achterliggende idee dat God een bepaalde orde in de schepping had gemaakt. Met zijn classificatie wilde hij niet zeggen dat ze daarom afstamden van eenzelfde voorouder. Het is logisch dat

---

[40] https://evolutietheorie-ontkracht.com/genetische-adam-en-eva/
[41] https://answersingenesis.org/the-flood/global/was-there-really-a-noahs-ark-flood/

het DNA van twee op elkaar gelijkende soorten niet veel zal verschillen. Pas later heeft men die classificatie gekoppeld aan de evolutietheorie. Onderzoeker en geoloog John Woodmorappe suggereerde dat er op z'n minst 16.000 dieren nodig waren om de soorten te behouden die God had geschapen. Er zijn uiteraard ook heel wat aquatische soorten (zeezoogdieren (walvisachtigen,…), zeevogels (albatrossen, sterns, alken,…), zeeschildpadden,…) die niet in de ark moesten en perfect in volle zee konden overleven. Enkel de landzoogdieren, landreptielen en landvogels moesten aan boord. Woodmorappe gebruikte vervolgens een korte el (46 cm) voor de ark en berekende dat "minder dan de helft van het totale gebied van de drie dekken van de ark moesten bezet worden door dieren en hun omsluitingen." [42] Een andere berekening werd gemaakt op basis van laadruimten van vrachtwagens. [43] Het schip had dezelfde capaciteit als ongeveer 450 laadruimten, en laadruimten voor vee kunnen ongeveer 250 schapen bevatten. Dit maakt dat de ark wel ruim 120.000 dieren ter grootte van een schaap kon bevatten. De zondvloed was iets bovennatuurlijks, en dat geldt ook voor de ark. Er zijn bovennatuurlijke en onverklaarbare elementen, zoals het voedsel voor één jaar voor alle dieren… Denken we maar aan de broodvermenigvuldiging van de Heer [44] of het manna dat de Israëlieten in de woestijn aten. [45] Bovendien is het aannemelijk dat Noach van de grotere dieren juvenielen meenam, die minder plaats innamen dan volwassen exemplaren. De levensverwachting lag dan ook hoger, zodat een groter nageslacht kon worden gevormd. En tot slot zal Noach niet alle landdieren meegenomen hebben. Dit verklaart het grote aantal fossiele uitgestorven dieren, voornamelijk dinosauriërs. Zij werden gewoon verzwolgen door de zondvloed.

---

[42] https://www.rae.org/essay-links/crsbk21/
[43] https://arkencounter.com/noahs-ark/size/
[44] Joh. 6,1-14
[45] Ex. 16

Verdere beschouwingen over de zondvloed

Prof. Frank Lewish Marsh (hoogleraar biologie aan de Andrews-universiteit in Berries Springs, Michigan) zegt dat het fout is om te veronderstellen dat de zondvloed een lokale gebeurtenis zou zijn geweest, want dan zou God aan Noach niet gevraagd hebben om zo'n ark te bouwen. [46] Dan kon hij gerust emigreren naar een gebied dat zou gespaard blijven. Er zijn twee bronnen van waaruit het water voor de vloed komt: de 'hemelsluizen' en de fonteinen van de afgrond. De fonteinen van de afgrond kunnen slaan op de grote hoeveelheden water die recent werden gevonden op ca 400 km diepte – geschat op ongeveer evenveel als wat de huidige oceanen samen bevatten. [47] God kan dit natuurlijke water, dat eigenlijk in gesteente zit, op bovennatuurlijke wijze los hebben gemaakt en naar boven hebben doen komen. De Bijbel spreekt over het 'openbreken' van de aardkorst.

Marsh schrijft: *"De verwoesting, die dit tevoorschijn brekende water in de aardkorst heeft aangebracht, moet groot, op sommige plaatsen zelfs onvoorstelbaar groot zijn geweest. Natuurlijke middelen werden*

---

[46] Frank Lewis Marsh, Schepping van de Soorten, Uitgeverij Stichting "De Stem der Leken", 's Gravenhage, 1966
[47] https://www.livescience.com/57008-stash-of-water-hidden-deep-beneath-earth.html

hier op een onnatuurlijke, verschrikkelijke wijze aangewend om de oppervlakte van de eens zo schone aarde tot grote diepte om te ploegen en volkomen te verwoesten. Veertig dagen lang woedde het geweld van de steeds in omvang toenemende, kolkende watermassa's op aarde, totdat de antediluviale bergen waren bedekt en alle landdieren buiten de ark waren omgekomen."

Dr. Marsh legt uit dat Noach zeker niet alle dinosauriërs mee had genomen in zijn ark, zeker deze zoals de *T-Rex*, en dat de meesten dus toen zijn uitgestorven. Het water was voortdurend in beweging en zette vijf maanden lang z'n verwoestend en herstructurerend werk verder, waardoor bergen weggevaagd of gevormd werden, vulkanische processen plaatsvonden en andere ontelbare verschijnselen waarvoor geologen nog geen verklaring hebben gevonden. *"Zonder kennis van de feiten in Genesis is de beoefening van de historische geologie tijdverspilling."*

Plooiingen en gelaagdheid in het natuurlijke gesteente zijn wellicht al ontstaan tijdens de schepping zelf, maar werd door de zondvloed, die overigens meer dan een jaar duurde, vaak 'omgewoeld'. De eb- en vloedbewegingen van het water ging onafgebroken door, waardoor afwisselend lagen met fossielen van landdieren en waterdieren werden gevormd, maar soms ook door elkaar. In de door de zondvloed gevormde lagen komen niet uitsluitend oppervlakte-materialen en aarde vermengd met dode organismen voor. De oorspronkelijke materialen waaruit de diepere lagen van de aardkorst vóór de zondvloed hadden bestaan, zoals gips, anhydraat en dolomiet, konden tijdens de zondvloed eveneens in beweging komen en afwisselend met oppervlaktematerialen weer worden afgezet. Het is wel zo dat niet alle fossielen perse ontstaan zijn tijdens de zondvloed. Er zijn ook fossielen die zowel van vóór de zondvloed dateren, als van na de zondvloed.

Zonde en verlossing

Nu terug naar de Bijbel. Paulus beschrijft in zijn brief aan de Romeinen hoe de zonde door één mens in de wereld kwam, en hoe door één Mens de Verlossing kwam:

Door één mens is de zonde in de wereld gekomen en met de zonde de dood en zo is de dood over alle mensen gekomen, aangezien allen gezondigd hebben. Er was immers reeds zonde in de wereld, voor de wet er was; maar zonde wordt niet aangerekend, waar geen wet is. Toch heeft de dood als koning geheerst in de tijd van Adam tot Mozes, dus ook over hen die zich niet op de wijze van Adam schuldig hadden gemaakt aan de overtreding van een gebod. Adam nu is het beeld van de Mens die komen moest. Maar de genade van God laat zich niet afmeten naar de misstap van Adam. De fout van een mens bracht allen de dood, maar allen schonk Gods genade rijke vergoeding door de grote gave van zijn genade, de ene mens Jezus Christus. Zijn gave is sterker dan die ene zonde. Het oordeel dat volgde op de ene misstap liep uit op een veroordeling, maar de gratie die na zoveel overtredingen verleend werd betekende volledige kwijtschelding. Door toedoen

van een mens begon de dood te heersen, als gevolg van de val van die mens. Zoveel heerlijker zullen zij die de overvloed der genade en de gave der gerechtigheid ontvangen, leven en heersen, dankzij de ene mens Jezus Christus. **Dit betekent: een fout leidde tot veroordeling van allen, maar een goede daad leidde tot vrijspraak en leven voor allen. En zoals door de ongehoorzaamheid van een mens allen zondaars werden, zo zullen door de gehoorzaamheid van Een allen worden gerechtvaardigd.** *(Rom. 5,12-19)*

Adam is de eerste mens die de zonde in de wereld bracht, en daarmee ook de dood. Jezus Christus is de tweede Adam, en Maria de tweede Eva (Eva kwam uit Adam, Christus kwam uit Maria). Door Christus kwam het heil, de Verlossing en werden de deuren van de Hemel opnieuw geopend en werd de zonde en de dood overwonnen. Allen die in Hem geloven en in staat van genade sterven, zullen eeuwig leven bezitten en verrijzen op de Jongste Dag om samen met Christus te wonen in Zijn Koninkrijk (het hersteld Paradijs).

Besluit

De evolutietheorie stort als een kaartenhuisje in elkaar. Er is wel een zekere vorm van evolutie, maar slechts op soort-niveau. Dit noemen we micro-evolutie of mogelijk tot variatie binnen een soort. Macro-evolutie echter, van ééncellige alg tot eik, of van bacterie naar blauwe vinvis, is iets denkbeeldig. De complexiteit van het leven (DNA en de bouw van een cel), de fossielen en de geologische lagen wijzen niet op miljoenen jaren evolutie, maar op een Bijbels gebeuren, namelijk schepping en zondvloed.

Er kan maar één Waarheid zijn. God bestaat wél, en Hij is de Schepper, de Auteur van al wat leeft, inclusief jij en ik. Wij zijn géén toevalsproduct, en de dood is niet het einde van ons bestaan. Er is leven na de dood, en Jezus is gekomen om ons de Weg te tonen, ons te verlossen uit onze zonden en de deur tot dat eeuwig leven, die gesloten was door de zondeval, opnieuw te openen. Een leven in een volmaakte wereld waar iedereen gelukkig zal zijn, zonder kwaad, pijn, lijden, ziekte en dood. Waar alleen maar liefde heerst. Dat is de prachtige toekomst die God voor ieder van ons wil. Wie zou zoiets kunnen weigeren? God bemint ons, maar we moeten ons hart voor Hem willen openen.

Appendix I: De vondst van de ark van Noach door Ron Wyatt

Flavius Josephus, de bekende Joodse historicus, schreef in ca. 90 A.D. over de ark van Noach: "Z'n overblijfselen worden daar aangewezen door de inwoners, tot op vandaag." Hij citeerde Berosus de Chaldeaan, die in ca 290. v. Chr. aangaf dat bezoekers stukjes van de ark mee naar huis namen om er geluksbrengers van te maken: "Naar verluidt is er nog steeds een deel van het schip in Armenië, aan de berg van de Cordyaeanen, en dat sommige mensen stukjes van het schip losmaken en meenemen, en gebruiken als amuletten om ongelukken af te wenden." In 1959 werden er luchtfoto's gemaakt door de Turkse autoriteiten die suggereerden dat er een bootvormige structuur te zien was, 29 km ten zuiden van de berg Ararat, op een hoogte van 1988 meter, in "het gebergte van Ararat".

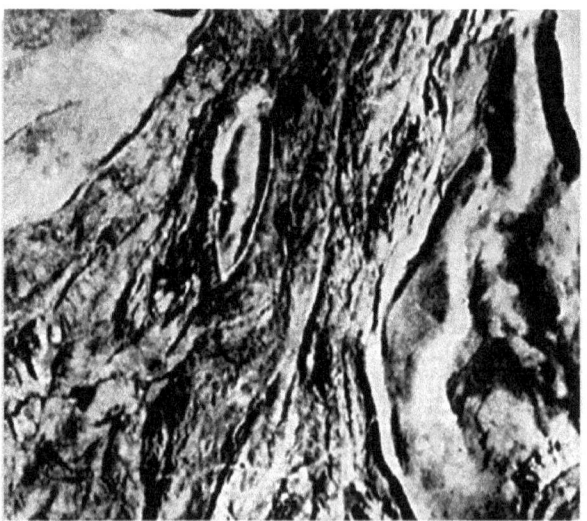

FROM THE AIR the ship-shaped outline lies in the center of a landslide on the slope of a mountain that is only 25 miles from the Russian border. The landslides are of recent origin, may have packed thick mud and stones around the strange form. The photo was shot by a Turkish aerial survey plane from 10,000 feet.

NOAH'S ARK?
Boatlike form is seen near Ararat

Dr. Brandenburger, een fotogrammetrisch expert die ten tijde van president Kennedy de Cubaanse raketbasissen had ontdekt, zei dat hij ervan overtuigd was dat dit een schip was. Op 5 september 1960 werd de luchtfoto van de bootvormige structuur samen met de foto's van onderzoekers die ter plaatse waren geweest, maar geen diepgaand onderzoek hadden verricht, gepubliceerd in het tijdschrift "Life Magazine". De conclusie was dat het een "bizarre geologische formatie" moet zijn.

Het was pas in 1977 dat Ron Wyatt een expeditie leidde in het gebied [48], de eerste in een reeks van 24, en hij nader onderzoek uitvoerde. Er werden metaaldetectietests en radarscans uitgevoerd. De lengte van deze structuur is 157 meter: precies 300 Egyptische el, de lengte van de Bijbelse ark. Er werden allerlei artefacten teruggevonden, waaronder potscherven, metalen voorwerpen en gigantische ankerstenen, gelijkend op deze die bekend zijn uit het Middellandse-zeegebied, maar dan veel groter. Opvallend is dat de omliggende plaatsnamen verbonden zijn aan de geschiedenis van de zondvloed, hoewel de inwoners zich hiervan totaal niet bewust zijn (de oorspronkelijke bevolking werd er dan ook uitgeroeid tijdens de Armeense genocide). Zo heet de plaats waar de ankerstenen gevonden werden *Arzep*, ofwel "Plaats van de acht" en de berg waarop de ark ligt heet *Cesnakidag* of Berg van de Dag des Oordeels. Ook Ankara, de hoofdstad van Turkije, ontleent zijn naam aan een legende die vertelt dat de stad werd gesticht op de plaats waar een gigantisch anker werd gevonden, afkomstig van Noachs ark. Tien jaar na zijn eerste onderzoek was Wyatt eregast bij de Turkse overheid, die de gevonden structuur erkende als zijnde de ark van Noah en het omliggende natuurgebied instelde als een beschermd nationaal park. De media echter, wilde niet over deze vondst berichten, en stak het in de doofpot. Na deze vondst waren atheïstische wetenschappers er snel bij om deze vondst af te doen als een gewone geologische structuur, dat door lava zou gevormd zijn. Zijn bevindingen worden tot op heden aangevallen door atheïstische geologen.

---

[48] http://www.ronwyatt.com/noahs_ark.html

Foto genomen in 1977.

Bovenstaande foto werd gemaakt in 1979, na de aardbeving van 1978, waarbij aarde van de zijkanten was losgekomen.

Radar Scans

Radar scans performed with Geophysical Survey System SIR 3.
July 1986 through Nov. 1987.

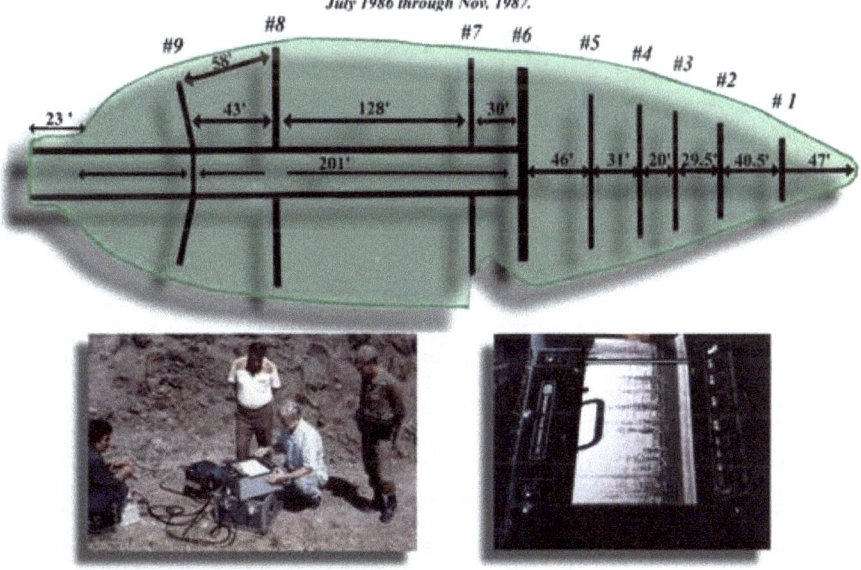

Radarscans in 1977 toonden een ondergrondse regelmatige structuur.

Het gefossiliseerde hout werd getest op aanwezigheid van organische koolstof, en deze tests waren positief (0,70% organische koolstof, 0,0081% anorganische koolstof). [49] Lavasteen zou dit niet bevatten. Gevonden ijzeren objecten bevatten ijzer, aluminium en titanium en leken door de mens gemaakt.

---

[49] http://arkdiscovery.com/napart7.htm

Hier poseert een lokale inwoner samen met de archeologen bij één van de gigantische ankerstenen.

Ankerstenen werden in de oudheid gebruikt in het Middellandse Zeegebied om grote schepen te stabiliseren, op de manier zoals te zien is op de afbeelding rechts. De ankerstenen, die gevonden werden in het Araratgebergte zijn een heel pak groter dan deze die gevonden werden in het Middellandse Zeegebied, wat normaal is voor een veel groter schip.

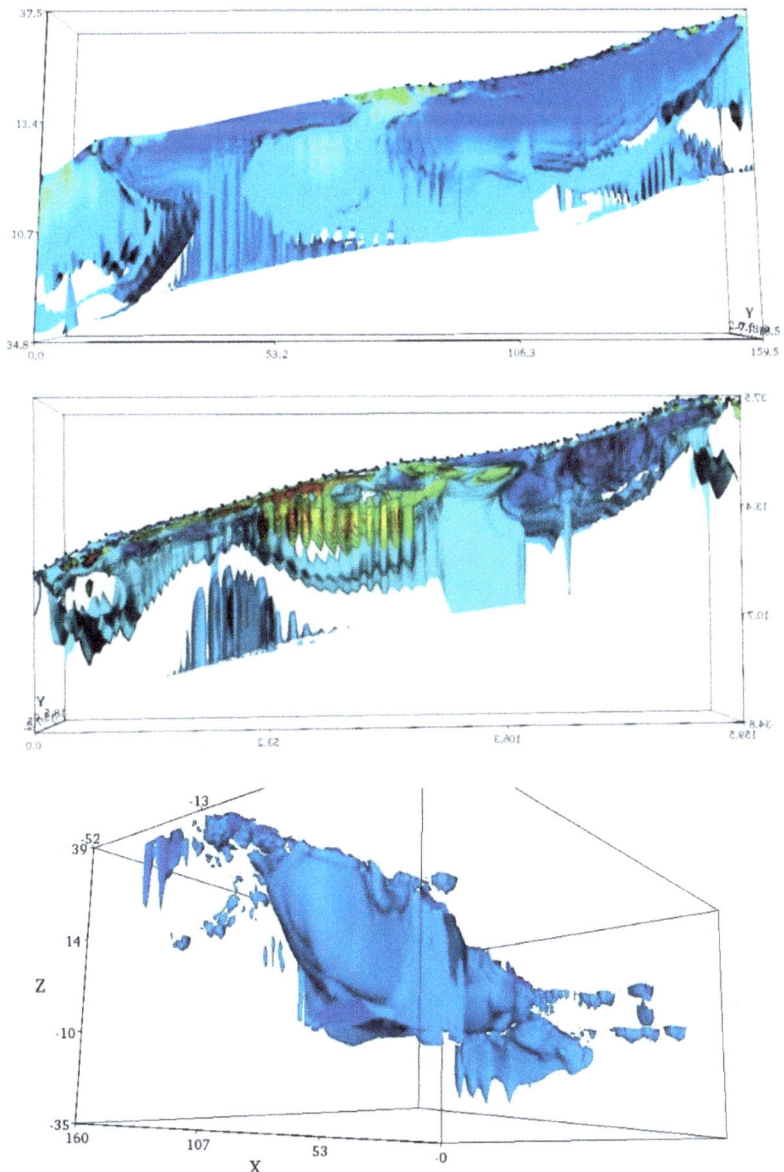

Soortelijke weerstandsscans in 2014 gaven de ondergronds liggende structuren weer doordat de densiteit van de structuur verschilde van deze van de aarde waar de structuur in is ingebed, en tonen duidelijk de vorm van een scheepsromp. [50]

---

[50] http://noahsarkscans.nz/

Bronvermelding

Bibliografie:

- BIJBEL, Willibrordvertaling, Katholieke Bijbelstichting Boxtel, 1985 ISBN 90-6173-197-6
- BRENTANO, Clemens, De geheimen van het Oud Verbond, naar de visioenen van Anna-Katharina Emmerick, Vrienden van AKE, Mechelen, 1981
- LEWIS MARSH Frank, Schepping van de Soorten, Uitgeverij Stichting "De Stem der Leken", 's Gravenhage, 1966
- SCHOCH Dave, The Assumptions behind the theory of evolution, LULU, USA,2014 - ISBN 978-1-312-23721-6
- WERNER Carl, Evolution: the grand experiment, New Leaf Press, Green Forest, AR, USA, 2014 ISBN 978-0-89221-681-9

Foto's:
Cover:
Universum: Blirk (http://blirk.net/planet-wallpaper/32/) ; Coelacanth: Mordecai 1998 (Wikimedia commons, CC BY-SA 4.0) ; Skelet T-rex: McDinosaurhunter (Wikimedia commons, CC BY-SA 4.0); DNA: Pixabay (publiek domein) Cymatoceras fossiel: Ghedoghedo (Wikimedia commons, CC BY-SA 3.0); Levende Nautilus: Pujolle (Wikimedia commons, CC BY-SA 3.0)

Tekst:
p. 2: diagram: eigen samenstelling (comb. Van: Amada 44 (Wikimedia commons, publ. dom); Ali Zifan (Wikimedia commons CC BY-SA 4.0); Paulo Juston (Wikimedia commons, CC BY-SA 2.5); LadyofHats (Wikimedia commons, publ. dom); Abujoy (Wikimedia commons, CC BY-SA 2.5); Robfrawley (Wikimedia commons, CC BY-SA 4.0); Linda Salzman Sagan (Wikimedia commons, CC BY-SA 3.0); Open Clipart (publiek domein); eigen tekening); p.3: Ammoniet: Antonv (Wikimedia commons, publiek domein); p.4: tijdschaal: eigen werk; p.4: Rivierharing: Duane Raver, U.S. Fish and Wildlife Service (Wikimedia commons, publiek domein); Haring boven: Katie Conrad/USFWS (Wikimedia commons CC BY-SA 2.0); Haring onder: NOAA (Wikimedia commons, CC BY-SA 2.0); p.6: Schedels leeuwen: Tiia Monto (Wikimedia commons, CC BY-SA 3.0); schedels gorilla's: Didier Descouens (Wikimedia commons, CC BY-SA 4.0); p.7: bladeren hulst: eigen foto, bladen klimop: eigen foto.; p.8: schelpen: eigen foto; p.9: hondenschedels: Catherinevu (Wikimedia commons, CC BY-SA 3.0); p.10: kammossel fossiel: James St. John (Wikimedia commons, CC BY-SA 2.0) ; kammossel recent: Acélan (Wikimedia commons, CC BY-SA 3.0); p.11: zwinkokkel: eigen foto's; Cardiocardita: eigen foto's; p.12: Cymatoceras fossiel: Ghedoghedo (Wikimedia commons, CC BY-SA 3.0); Levende Nautilus: Pujolle (Wikimedia commons, CC BY-SA 3.0); p.13: Lingula fossiel: Ghedoghedo (Wikimedia commons, CC BY-SA 4.0); Lingula levend: wilson44691 (Wikimedia commons, publiek domein); p.14: Cranaena: Kennethgass (Wikimedia commons, CC BY-SA 4.0); Terebratalia: Daderot (Wikimedia commons, publiek domein); p.15: Abrotocrinus fossiel: Ghedoghedo (Wikimedia commons, CC BY-SA 4.0); Metacrinus dood: Emoke Dénes (Wikimedia commons, CC BY-SA 2.5); Metacrinus levend: Open Cage (Wikimedia commons, CC BY-SA 4.0); p.16: zeester fossiel: Vassil (Wikimedia commons, publiek domein); levend: Andrew David, NOAA (Wikimedia commons, publiek domein); p.17: zee-egel fossiel: RAMA (Wikimedia commons, CC BY-SA 3.0); levend: Frédéric Ducarme (Wikimedia commons, CC BY-SA 3.0) en: Didier Descouens (Wikimedia commons, CC BY-SA 2.0); p.18: Zaphrentis: James St. John (Wikimedia commons, CC BY-SA 2.0); Caryophyllia: MNHN (Natuurhistorisch Museum Parijs, Wikimedia commons, CC BY-SA 4.0); p.19: Hexagonaria: John Mortunore (Wikimedia commons CC BY-SA 3.0); detail: Lemonpeeler (Wikimedia commons, publiek domein); Pseudosiderastrea: Benzoni F. (Wikimedia commons, CC BY-SA 3.0); p.20: Cyclolites: Ghedoghedo (Wikimedia commons, CC BY-SA 4.0); Fungia dood: Daderot (Wikimedia commons, publiek domein); levend: Frederic Ducarne (Wikimedia commons, CC BY-SA 4.0); p.21: Fenestella fossiel: Luis Fernandez Garcio (Wikimedia commons, CC BY-SA 4.0); zeekantwerk: eigen foto's; Alison M. Fortunato (Wikimedia commons, publiek domein).; p.22: Degenkrab fossiel: Didier descouens (Wikimedia commons, CC BY-SA 3.0); Levende degenkrab: Max Pixel (freegreatpictures.com); p.23: krab fossiel: The_Wookies (Wikimedia commons, CC BY-SA 2.0); krab levend: Jebulon (Wikimedia commons, publiek domein); p.24: libel fossiel: Daderot (Wikimedia commons, publiek domein); levend: Tamara van Krieken (Wikimedia commons, CC BY-SA 3.0); p.25: Palaeovespa: NPS (Wikimedia commons, publiek domein); honingbij: Ivar Leidus (Wikimedia commons, CC BY-SA 4.0); p.26: Fossiele rog: Ghedoghedo (Wikimedia commons, CC BY-SA 4.0); levend: © Steve Wozniak (https://1000fish.wordpress.com/2011/03/17/a-ray-of-hope/); p.27: coelacanth fossiel: Reinhold Möller (Wikimedia commons CC BY-SA 3.0; Natural History Museum Bamberg), coelacanth levend: Sybarite48 (Wikimedia commons, CC BY-SA 2.0, Muséum d'Histoire Naturelle de Nantes); p.28: Coelacanth: Mordecai 1998 (Wikimedia commons, CC BY-SA 4.0); Fossiel: Reinhold Möller (Natural History museum Bamberg - Wikimedia commons, CC BY-SA 4.0); p.29: fossiele vissen: NPS (Wikimedia commons, publiek domein); levende rivierharing: Don Flesher (Wikimedia commons, publiek domein); p.30: kikker fossiel: PePeEfe (Wikimedia commons, CC BY-SA 3.0); groene kikker skelet: eigen foto (dierkundemuseum UGent, zelf geschonken collectiestuk); Groene kikker levend: Grand-duc. (Wikimedia commons, CC BY-SA 3.0)

p.31: salamder fossiel: H. Zell (Wikimedia commons, CC BY-SA 3.0), Chinese reuzensalamander skelet: Dr. Jorgen (Wikimedia commons, publiek domein), salamander levend: Naturalis Biodiversity Center (Wikimedia commons, CC BY-SA 3.0); p.32: Zeeschildpad fossiel: Funkmonk (Wikimedia commons, CC BY-SA 3.0, Museum für Naturkunde, Berlin.), recent skelet: Daniel Calatayud Belinchon (Wikimedia commons, CC BY-SA 4.0), levend: Sylke Rohrlach from Sydney (Wikimedia commons, CC BY-SA 2.0); p.33: krokodil fossiel: James St. John, Field museum Chicago (Wikimedia commons, CC BY-SA 3.0); levend: Cephas (Wikimedia commons, CC BY-SA 3.0); schedel: Larry Perez (Wikimedia commons, publiek domein); p.34: gierzwaluw fossiel: Thesupermat, Natuurhistorisch museum van Lyon (Wikimedia commons, CC BY-SA 3.0); kadaver: Olybrius, kadaver in de Alpen (Wikimedia commons, CC BY-SA 4.0); levend: Imram Shah (Wikimedia commons, CC BY-SA 2.0); p.35: spitsmuis fossiel: Storch, G. and Qiu, Z. (Wikimedia commons, CC BY-SA 4.0); levend: R. Altenkamp (Wikimedia commons, CC BY-SA 3.0); p.36: fossiel konijn: Didier Descouens (Wikimedia commons, CC BY-SA 3.0); skelet: Chris Dodds (Wikimedia commons, CC BY-SA 3.0); levend: U.S. Government National Park Service (Wikimedia commons, publiek domein); p.37: Pecopteris: Jstuby (State Museum Pennsylvania- Wikimedia commons, publiek domein); Dicksonia antarctica: Dryas (Wikimedia commons, CC BY-SA 3.0); Dicksonia ant. 2: Susomoinhos (Wikimedia commons, CC BY-SA 3.0); p.38: Ginkgo fossiel: Ghedoghedo, Muse Trento Italia, (Wikimedia commons, CC BY-SA 3.0); levend: Dragan Maksimovic (Wikimedia commons, CC BY-SA 3.0); p.39: Metasequoia fossiel: Ghedoghedo, Muse, Trento (Italy) (Wikimedia commons, CC BY-SA 3.0); levend: Jebulon (Wikimedia commons, CC BY-SA 3.0, publiek domein); p.40: palmen fossiel: James st John (Wikimedia commons, CC BY-SA 2.0) ; palmen levend: A. wrightii: Guettarda (Wikimedia commons, CC BY-SA 3.0); p.41: fossiel blad: Daderot, Botanischer Garten, Dresden, Duitsland (Wikimedia commons, publiek domein); levend blad: Hugo.arg (Wikimedia commons, CC BY-SA 3.0); p.42: Betula fossiel: Kevmin (Wikimedia commons CC BY-SA 3.0); levend: Plant Image Library (Wikimedia commons, CC BY-SA 2.0); p.43: Schedel Pakicetus: Nordelch (Natural History Museum, London; Wikimedia commons CC BY-SA 3.0); ; p.44: Model Ambulocetus: Notafly (Museo di Storia Naturale di Calci – Pisa; Wikimedia commons, CC BY-SA 3.0); Fossielen met Dr. Thewissen: Akrasia25 (Wikimedia commons, CC BY-SA 4.0); p.45: Foto schedel Ambulocetus: © Audio Visual Consultants Inc. met uitdrukkelijke toestemming van de auteur; Skeletmodel: Notafly (Wikimedia commons, CC BY-SA 3.0); p.46: model Rodhocetus: http://ballenaevo.blogspot.com (https://1.bp.blogspot.com/-xmqsPEHZLdM/VTgD19sxd4I/AAAAAAAAIxg/7IsVO43Zm6I/s1600/rodhocetus.jpg); skeletmodel: Zissoudisctrucker (Wikimedia commons CC BY-SA 4.0)p.47: Archaeopteryx fossiel: Bilderbot (Wikimedia commons, CC BY-SA 3.0); detail schedel: Emily Wilouhgby (Wikimedia commons CC BY-SA 4.0); model: ballista (Wikimedia commons 3.0)
p.48: Archaeopteryx: Bilderbot (Wikimedia commons CC BY-SA 3.0); model: BZsolt (Wikimedia commons, CC BY-SA 3.0); Confuc. Fossiel: Mand. R. Fall, Thomas G. et al. (Wikimedia commons, CC BY-SA 2.5); p.49: kuifhoenderkoet: Snowmanradio (Wikimedia commons, CC BY-SA 2.0); kuiken hoatzin: handbook to game birds (Wikimedia commons, publiek domein); p.50: fossiel Icht.: oCMarch (Wikimedia commons, publiek domein); meeuw skelet: daderot (Wikimedia commons, publiek domein); p.51: fossiele vogel: DiLui et al. (Wikimedia commons, CC BY-SA 2.5); p.52: : Skelet linksboven: Daniel Thornton (Wikimedia commons, CC BY-SA 4.0); schedel linksboven: Rene Sylvesteren (Wikimedia commons, CC BY-SA 3.0);; Skelet lijster: Rene Sylvesteren (Wikimedia commons, CC BY-SA 3.0); Skelet ijsvogel: Duricon (Wikimedia commons, CC BY-SA 3.0); Vogel midden links: Matt Mechtley (Wikimedia commons, CC BY-SA 2.0); vogel midden rechts: Dieter Stefan Peters (Wikimedia commons, CC BY-SA 4.0); p.53: casuaris skelet: Ryan Sornia (Wikimedia commons, CC BY-SA 2.0); casuaris levend: summerdrought (Wikimedia commons, CC BY-SA 4.0); Archaopteryx skeletmodel: Jim the photographer (Wikimedia commons CC BY-SA 3.0); Archaeopteryx model: nobo tamura (Wikimedia commons, CC BY-SA 3.0); p.54: Sinosauroteryx: Fiann M. Smithwick, Robert Nicholls, Innes C. Cuthill, Jakob Vinther (Wikimedia commons, CC BY-SA 4.0); p.55: skelet Austroraptor: Esv, Royal Ontario Museum (Wikimedia commons, CC BY-SA 3.0); tekening boven: Fred Wierum (Wikimedia commons, CC BY-SA 3.0); p.56: Archaeoraptor: Jonathan Chen (Wikimedia commons, CC BY-SA 4.0); p.57: gevederde dinosauriër: Laika ac from USA (Wikimedia commons, CC BY-SA 2.0); p.58: : © Liza Blue (http://www.fanagrams.com/blog/2011/03/tmi-tp/human-evolution-wallpaper-3/); p.59: Lucy skelet: 120 (Wikimedia commons, CC BY-SA 3.0); heup pedicle: Emoke Denes (Wikimedia commons, CC BY-SA 3.0); heup mens: Maky Grel (wikimedia commons, publ. dom); p.60: Lucy model: Tiia Monto (Wikimedia commons, CC BY-SA 3.0); heup lucy gereconstrueerd: Wellesley College (Sketchfab, CC BY-SA 4.0); p.61: heupen Lucy en STS 14: RLA Archeology (Sketchfab, CC BY-SA 4.0); p.62: mensenheupen: BodyPart3D (Wikimedia commons; CC BY-SA 2.1 Japan); Heup STS 14: RLA Archeology (Sketchfab, CC BY-SA 4.0); heup Lucy: Wellesley College (Sketchfab, CC BY-SA 4.0); p.63: Laetoli afdrukken: Wolfgang sauber (Wikimedia commons, CC BY-SA 3.0); twee apen: Wapandaponda (Wikimedia commons, CC BY-SA 3.0); afgietsel voetafdruk: Thomas Fluegel (Wikimedia commons, CC BY-SA 3.0); voetafdrukken Nicaragua: drd12 (Wikimedia commons, CC BY-SA 3.0); p.64: chimpansee skelet voet: Frank E. Beddart (Wikimedia commons, publiek domein); skelet voet mens: Nicolas Perrault (Wikimedia commons, CC BY-SA 1.0); skelet Little Foot: Tobias Fluguel (Wikimedia commons, CC BY-SA 3.0); voet levende chimpansee: rufus46 (Wikimedia commons, CC BY-SA 3.0); voet mens: genusfotografen (Wikimedia commons, CC BY-SA 4.0); p.66: Schedel chimpansee: Klaus Rassinger en Gerhard Cammerer (Museum Wiesbaden; Wikimedia commons CC BY-SA 3.0); schedel Australopithecus: Wellesley College (Sketchfab, CC BY-SA 4.0); model Australopithecus: Tim Eranson (Wikimedia commons, CC By-SA 2.0); Chimpansee: Carlos Valenzuela (CC BY-SA 4.0); p.67: Schedel chimpansee: Auckland museum (Wikimedia commons, CC BY-SA 4.0); Schedel Taungkind: Didier Descouens (Wikimedia commons, CC BY-SA 4.0); 3D- model schedel Taungkind (overlapping): RLA Archeology (Sketchfab, CC BY-SA 4.0); modellen Australopithecus: Federigi Federighi (Wikimedia commons, CC BY-SA 4.0); p.68: piltdown man: Anri (Wikimedia commons, CC BY-SA 3.0); H. rudolfensis: daderot (Wikimedia

commons, publiek domein); p.69: mensenschedels: Maintenance script (Rightpedia.info), Recente schedel aboriginal: http://canovanograms.tripod.com/pintubi1/, schedel Heidelbergensis: Jonathan Cardy (Natural History museum London; Wikimedia commons, CC BY-SA 3.0); p.70: Tekening microcefalie: Shutterstock.; Ape-man: Stormfront.org; p.71: Azzo Bassou: Stormfront.org.; p.99: Java-mens schedel: (J. H. McGregor, J. Arthur Thomson., Wikimedia commons, publiek domein); schedel H. neanderthalensis & sapiens: Hairymuseummatt (Cleveland Museum of Natural History; Wikimedia commons, CC BY-SA 3.0), p.72: neanderthalers: linksboven: Stefan Sheer (Wikimedia commons, CC BY-SA 3.0); rechtsboven: Einsomer Schütze (Wikimedia commons, CC BY-SA 4.0); linksonder: IISG (Wikimedia commons, CC BY-SA 2.0); rechtsonder: Gennadiy Chigerev (Wikimedia commons, CC BY-SA 4.0); p.73: La Quina H5: L.H. Martin (Wikimedia commons, publiek domein); La Quina H18: Zde, Neanderthal exhibit Pavilon Anthropos, Brno. (Wikimedia commons, CC BY-SA 4.0); Java-mens schedel: (J. H. McGregor, J. Arthur Thomson., Wikimedia commons, publiek domein); schedel H. sapiens: High Contrast (Wikimedia commons, CC BY-SA 3.0); p.74: Fossiel linksboven en onder: Ghedoghedo, Museo di Storia Naturale, Milano en Museum Den Haag (Wikimedia commons, CC BY-SA 3.0); fossiel rechtsboven: Nachosan (Wikimedia commons, CC BY-SA 3.0); p.75: Fossiel: Andrew Savedra (Wikimedia commons, CC BY-SA 2.0), klapneusvleermuis: Ishika Ramakrishna (Wikimedia commons, CC BY-SA 4.0); p.76: Libel: Dr. Alexander Mayer (Wikimedia commons, CC BY-SA 3.0); hagedis: Daderot (Wikimedia commons, CC BY-SA 4.0); archaeopteryx: Chrisi1964 (Wikimedia commons, CC BY-SA 3.0); Holophagus: Reinhold Möller (Natural History museum Bamberg - Wikimedia commons, CC BY-SA 4.0); p.77: Belemnobatis: Ghedoghedo (Wikimedia commons, CC BY-SA 3.0); vlinder: Ghedoghedo (Wikimedia commons, CC BY-SA 3.0); Ichtyosaurus: Ghedoghedo (Wikimedia commons, CC BY-SA 3.0); zee-egel: Xocolatl (Wikimedia commons, CC BY-SA 3.0); krokodil (Steneosaurus): Ghedoghedo (Wikimedia commons, CC BY-SA 3.0); hagedis: ©Raymond Spekking (Wikimedia commons, CC BY-SA 4.0); zeelelie: Ghedoghedo (Wikimedia commons, CC BY-SA 3.0); inktvis: Ghedoghedo (Wikimedia commons, CC BY-SA 3.0); p.78: Pterosaurus: Daderot (Wikimedia commons, Publiek domein).; p.79: : Reuzenalk: Amanderson2 (Wikimedia commons, CC BY-SA 2.0); Reuzenhert: Franco Atirador (Wikimedia commons, CC BY-SA 2.5); Zeekoe: Maharishi yogi (Wikimedia commons, CC BY-SA 4.0); Mammoet: Zissoudisctrucker (Wikimedia commons, CC BY-SA 4.0); p.80: : Triceratops skelet: Eva K. (Wikimedia commons, GNU Free Documentation License, Version 1.2; p.80-83: © Mark H. Armitage (foto's persoonlijk voorzien door Mark Armitage, met expliciete toestemming); p.84: Nils Knötschke (Wikimedia commons, CC BY-SA 2.5); p.86: Fossiel Chlamys: Porshunta (Wikimedia commons, CC BY-SA 3.0), Aequipecten recent: Weitbrecht (Wikimedia commons, CC BY-SA 3.0); p.87: steenkool: Vzb83 (Wikimedia commons, CC BY-SA 3.0); p.88: Surtsey-eiland: NOAA (Wikimedia commons, publiek domein); Michael F. Schönitzer (Wikimedia commons, CC BY-SA 2.0); p.89: Uitbarsting: U.S. Forest Service-Pacific Northwest Region (Wikimedia commons, publiek domein); Mt. St. Helens nu: Ron Clausen (Wikimedia commons, CC BY-SA 4.0); Grand Canyon: Gonzo fan2007 (Wikimedia commons, CC BY-SA 3.0); p.90: eigen foto's.; p.91: fossiele bomen: Nova Scotia: Ian Juby (http://www.creationsciencetoday.com/19-Polystrate_Fossils.html); James Allen (Wikimedia commons, CC BY-SA 2.0); p.92: DNA: Sponk (Wikimedia commons, CC BY-SA 3.0); p.95: Toekan: Eco Natur Guide (Wikimedia commons, CC BY-SA 3.0), Vlinder: Sathya K. Selvam (Wikimedia commons, CC BY-SA 4.0); Tuimelaar: Claudia14 (Pixabay, publiek domein); Koraalrif: US fis hand wildlife (Wikimedia commons, CC BY-SA 3.0); Tropische bloem: Frank Vassen (Wikimedia commons, CC BY-SA 2.0); Zeepaardje: Steve Childs (Wikimedia commons, CC BY-SA 3.0); Papegaai: Dough Janson (Wikimedia commons, CC BY-SA 2.0); Weddellzeehond: ©Samuel Blanc (Wikimedia commons, CC BY-SA 3.0); Kolibri: USFWS (Wikimedia commons, publiek domein).; p.96: Schelp boven: John St. James (Wikimedia commons, CC BY-SA 3.0); Kauri: Phillips66 (Wikimedia commons, publiek domein); Triton: antanO (Wikimedia commons, CC BY-SA 4.0); Griekse vaas: Walters art museum (Wikimedia commons, publiek domein).; p.97: Erst Haeckel (Wikimedia commons, publiek domein).; p.98: eigen tekening; p.99: eigen foto; eigen scan; p.100: eigen foto; p.104: aarde: Wallpaperscraft (publiek domein); p.105: Adam en Eva: Chicago Art Gallery (Wikimedia commons, publiek domein); p.106: ark: Pixabay.com (publiek domein); p.108: Ark: © Answersingenesis(https://assets.answersingenesis.org/img/articles/am/v2/n2/ships.jpg); p.109: Honden: Ellen Levy Finch (Wikimedia commons, CC BY-SA 2.0) p.110: Paarden: Pete Markham (Wikimedia commons, CC BY-SA 2.0); p.112: Zebroide: Raidarmax (Wikimedia commons, CC BY-SA 3.0); p.115: Water: J. Bishop (Wikimedia commons, publiek domein); p.117: Jezus: Pixabay (Publiek domein); p.118: Bijbel: eigen foto; p.119: Palmboom, lente en wereld: Wallpapercraft (publiek domein); p.120: © Life Magazine, 5 september 1960 ; p.121-126: © Ark Discovery – met uitdrukkelijke toestemming

Dank

Een bijzonder woord van dank aan Dr. Carl Werner en Mark Armitage, die mij welwillend voorzien hebben van fotomateriaal van hun eigen onderzoeksbevindingen. Ook dank aan mijn vrouw die tijdens het schrijven van dit boek tips heeft gegeven en mij heeft gesteund. Ik wil ook Dr. Mathieu Albert bedanken die het boek heeft nagelezen, advies heeft gegeven voor de structuur van mijn verhaal en inhoudelijke verbeteringen heeft voorzien waar nodig. Dank aan allen die op één of andere manier hebben bijgedragen. Tot slot ook vooral dank aan God die mij op een bijzondere manier heeft geleid tijdens het schrijven.

www.ingramcontent.com/pod-product-compliance
Lightning Source LLC
Chambersburg PA
CBHW040111180526
45172CB00010B/1301